DUDEN

Mathematik 2

Arbeitsheft

Herausgegeben von
Joachim Becherer und Dr. Andrea Schulz

Erarbeitet von
Pamela Bär, Birgit Bartnick,
Joachim Becherer, Cordula Endel,
Martin Gmeiner, Alfred Haas,
Hans J. Huschens, Gabi Oelfin,
Dr. Andrea Schulz und Heike Wadehn

DUDEN PAETEC Schulbuchverlag
Berlin, Frankfurt a. M.

Inhaltsverzeichnis

Übungen zur Addition und Subtraktion

1 Male die Aufgaben passend zum Ergebnis an.

2 Ergänze.

9 | | 12 | | 13 | | 20

4

3 | | 5 | 1 | 4 | | 6

Übungen zur Addition und Subtraktion

1

a)
3 + ___ = 10
5 + ___ = 10
___ + 8 = 10
___ + 0 = 10

b)
13 + 7 = ___
15 + 5 = ___
___ + 8 = 20
___ + 0 = 20

c)
18 – 8 = ___
13 – 3 = ___
16 – ___ = 10
17 – ___ = 10

2 Beginne immer mit der Verdopplungsaufgabe.

a)
5 + 4 = ___
5 + 5 = ___
5 + 6 = ___

b)
___ + ___ = ___
8 + 8 = ___
8 + 9 = ___

c)
___ + ___ = ___
7 + 7 = ___
___ + ___ = ___

3 Setze fort.

a)
8 + 1 = ___
8 + 3 = ___
8 + 5 = ___
___ + ___ = ___
___ + ___ = ___

b)
6 + 4 = ___
7 + 5 = ___
8 + 6 = ___
___ + ___ = ___
___ + ___ = ___

c)
___ – ___ = ___
16 – 3 = ___
15 – 4 = ___
14 – 5 = ___
___ – ___ = ___

4

a)
4 + 9 = ___
6 + 9 = ___
9 + 7 = ___
9 + 8 = ___

b)
12 – 9 = ___
13 – 9 = ___
14 – 9 = ___
16 – 9 = ___

c)
11 – 9 = ___
19 – 9 = ___
15 – 9 = ___
17 – 9 = ___

5 Rechne, male und ergänze.

14 – 6	18 – 9	15 – 6	17 – 8	(grün)
14 – 5	16 – 8	13 – 5	17 – 9	(rot)
20 – 5	8 + 6	7 + 7	19 – 5	(gelb)
16 – 2	7 + 8	6 + 9	4 + 11	(blau)

Übungen zur Addition und Subtraktion

1

a) 14 – 12 = ___
16 – 13 = ___
19 – 15 = ___
17 – 14 = ___
13 – 12 = ___

b) 15 – 12 = ___
18 – 15 = ___
16 – 13 = ___
19 – 17 = ___
17 – 16 = ___

c) 14 + ___ = 18
___ + 15 = 16
17 + ___ = 20
___ + 12 = 15
___ + 0 = 17

2

a) 11 – 3 = ___
14 – 6 = ___
12 – 3 = ___
13 – 5 = ___

b) 14 – 0 = ___
15 – 6 = ___
12 – 5 = ___
13 – 6 = ___

c) 13 – 8 = ___
16 – 9 = ___
12 – 7 = ___
14 – 8 = ___

d) 19 – 10 = ___
17 – 8 = ___
15 – 7 = ___
18 – 9 = ___

3 a)

+	4	6	8
8			
6			
7			

b)

–	4	5	7
12			
15			
14			

4

+	5		
9			17
	12		
8		15	

5 a) b) c)

6 a) b) c)

7 a) b) c)

Übungen zur Addition und Subtraktion

1 a) 5 13 8

___ + ___ = ___
___ + ___ = ___
___ − ___ = ___
___ − ___ = ___

b) 8 ◯ 20

c) 7 6 13 19

2 a)

+	5	7	9
6			
8			
7			

b)

−	6	8	7
12			
11			
14			

3

−	6		
15			8
	13		
17		12	

4 Sortiere und rechne.

16 − 7
14 − 5
18 − 9
15 − 6
13 − 4
17 − 8

5 Wie geht es weiter?

a)
8 + 7 = ___
6 + 9 = ___
4 + 11 = ___
___ + ___ = ___

b)
3 + 5 = ___
4 + 6 = ___
5 + 7 = ___
___ + ___ = ___

6 a) b) c) d)

7 a) b) c) d)

Zehnerzahlen

1 Immer 100. Wie viele Punkte sind zu sehen, wie viele sind abgedeckt?

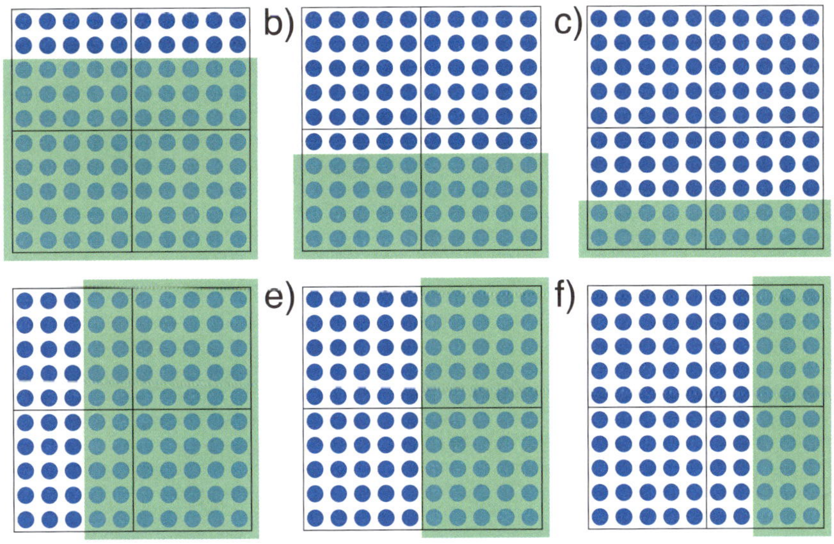

	zu sehen	abgedeckt
a	20	
b		
c		
d		
e		
f		

2 Zähle in gleichen Schritten weiter.

a) 0, 10, 20, ___, ___, ___, ___, ___, ___, ___, 100

b) 100, 90, 80, ___, ___, ___, ___, ___, ___, ___, 0

c) 0, 20, ___, ___, ___, 100

d) 10, 30, ___, ___, ___, 110

e) 100, 80, ___, ___, ___, 0

f) 90, 70, ___, ___, ___, 0

3

a)

+	10	30	40
40			
60			

b)

–	50	20	60
90			
70			

c)

+		20	
30	60		
50			100

4

a)
80 + ___ = 100
60 + ___ = 100
40 + ___ = 100
50 + ___ = 100

b)
___ + 30 = 100
___ + 90 = 100
___ + 100 = 100
___ + 10 = 100

c)
100 – ___ = 70
100 – ___ = 50
100 – ___ = 10
100 – ___ = 60

5 <, > oder = ?

a)
40 ◯ 50
60 ◯ 50
80 ◯ 50
100 ◯ 50

b)
100 ◯ 10
40 ◯ 60
80 ◯ 30
50 ◯ 50

6 <, > oder = ?

a)
40 + 20 ◯ 50
30 + 60 ◯ 90
50 + 40 ◯ 80
20 + 20 ◯ 60

b)
90 – 40 ◯ 60
80 – 20 ◯ 50
40 – 40 ◯ 10
60 – 30 ◯ 30

Zehner und Einer

1 a)

Wie viele Perlen hat Lexi?

geschätzt: ____ gezählt: ____

b)

Wie viele Stifte hat Lexi?

geschätzt: ____ gezählt: ____

2 a)

Z	E

b)

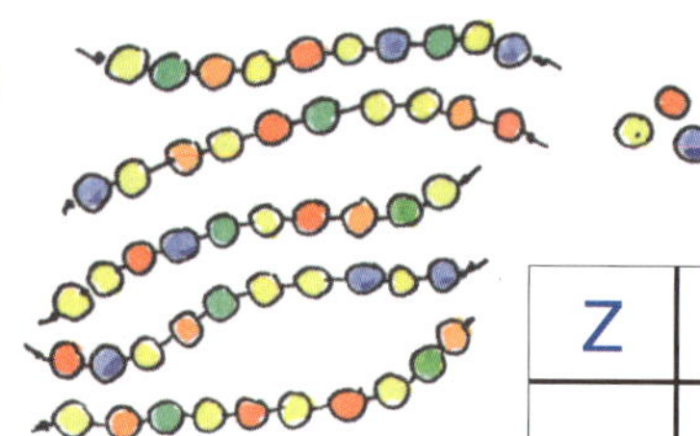

Z	E

3 a)

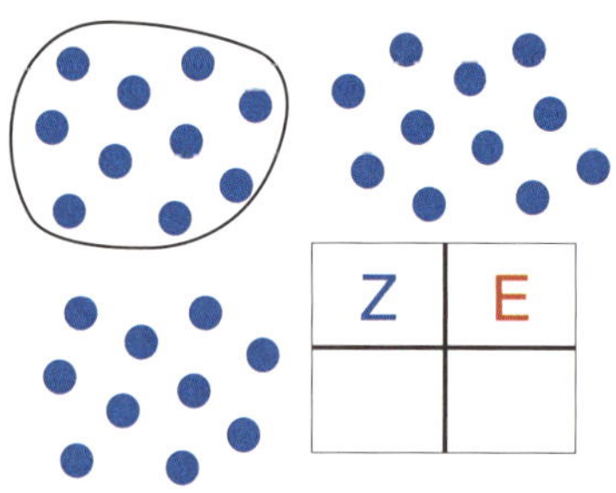

Z	E

b)

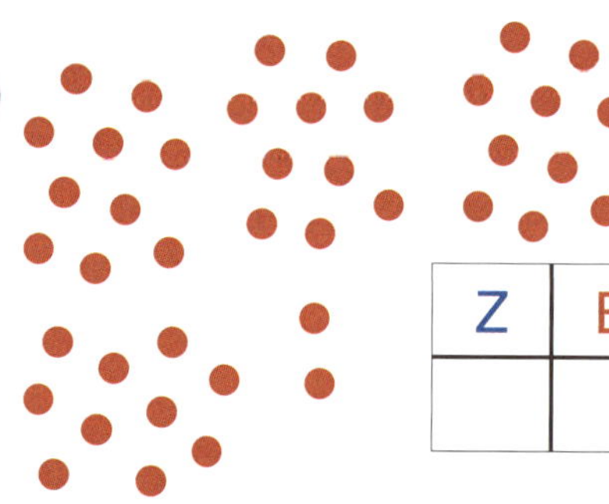

Z	E

4 a)

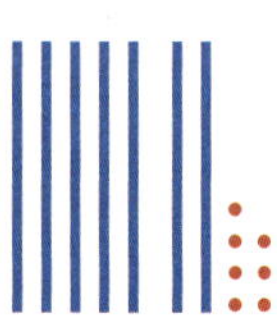

Z	E

b)

Z	E

5 a)

Z	E
2	5

b)

Z	E
6	3

6 Verbinde und ergänze.

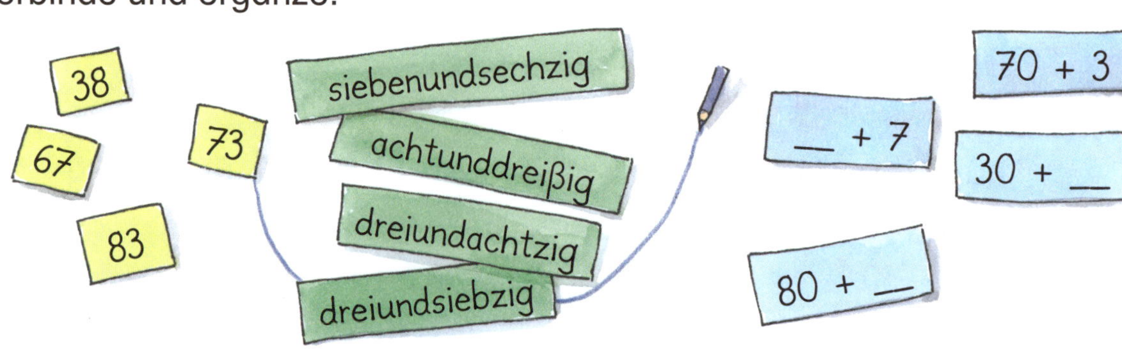

Zahlbilder

1 Vergleiche.

a) 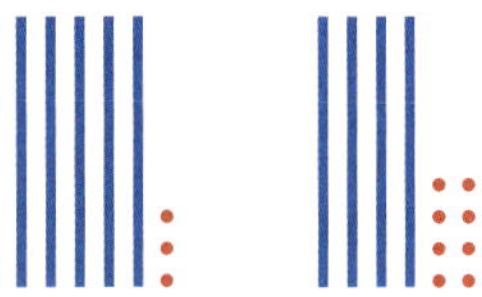

53 ◯ ___

b) 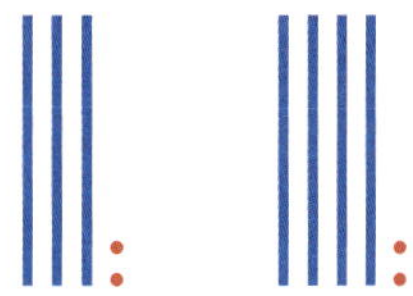

___ ◯ ___

c) 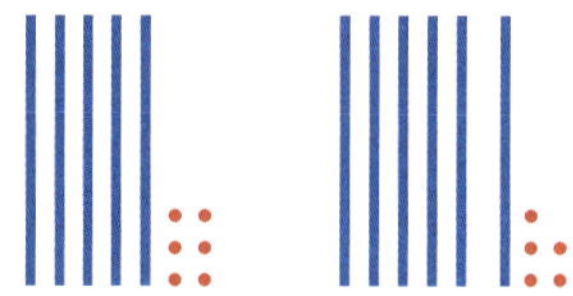

___ ◯ ___

2 Ergänze.

a) 

___ ◯ 45

b) 63 ◯ 36

c) 55 ◯ 54

3 a) 

24 < ___ < ___ < ___ < ___ < ___ < ___

b) 

100 > ___ > ___ > ___ > ___ > ___ > ___

4 Zähle weiter:

a) 34, 35, 36, ___, ___, ___, ___, ___, ___, ___, ___, ___, ___, 47

b) 77, 78, 79, ___, ___, ___, ___, ___, ___, ___, ___, ___, ___, 90

5 a) 63, 62, ___, ___, ___, ___, ___, ___, ___, ___, ___, ___, ___, 50

b) 31, 30, ___, ___, ___, ___, ___, ___, ___, ___, ___, ___, ___, 18

6

Vorgänger	Zahl	Nachfolger
55	56	
	39	
	27	

7

Nachbar-zehner	Zahl	Nachbar-zehner
40	46	50
	78	
	25	

8 <, > oder = ?

a) 38 ◯ 31
35 ◯ 25

b) 27 ◯ 72
45 ◯ 45

c) 92 ◯ 70
84 ◯ 54

d) 44 ◯ 99
81 ◯ 81

Zahlbilder

1 Verbinde das Zahlbild mit der Zahl.

(53) (24) (46) (42) (35) (64)

2 Zerlege die Zahlen in Zehner und Einer.

a) 24 = 20 + ___
42 = ___ + ___

b) 35 = ___ + ___
53 = ___ + ___

c) 46 = ___ + ___
64 = ___ + ___

3 Zeichne die Zahlbilder und schreibe die Plusaufgaben.

72 = ___ + ___　　27 = ___ + ___　　48 = ___ + ___　　84 = ___ + ___

4 Wie geht es weiter?

40 + 2 = ___
50 + 3 = ___
60 + 4 = ___
___ + ___ = ___

0 + 8 = ___
10 + 8 = ___
20 + 8 = ___
___ + ___ = ___

5 Ergänze die fehlenden Aufgaben.

99 – 9 = ___
___ – ___ = ___
___ – ___ = ___
66 – 6 = ___

78 – 2 = ___
58 – 4 = ___
___ – 6 = ___
18 – ___ = ___

6

a) 50 + ___ = 54
30 + ___ = 32
80 + ___ = 86

b) 70 + ___ = 77
90 + ___ = 94
60 + ___ = 68

c) 35 – ___ = 30
29 – ___ = 20
78 – ___ = 70

d) 51 – ___ = 50
42 – ___ = 40
63 – ___ = 60

7 Rechne zum nächsten Zehner.

a) 27 + ___ = 30
46 + ___ = 50
89 + ___ = 90

b) 51 + ___ = 60
75 + ___ = 80
34 + ___ = 40

c) 42 + ___ = ___
52 + ___ = ___
62 + ___ = ___

d) 64 + ___ = ___
54 + ___ = ___
44 + ___ = ___

Die Hundertertafel

1	2	3				7			10
		23							
		33							
									50
				55					
					66				
81									
91									100

1 Trage folgende Zahlen ein:
11, 22, 44, 77, 88, 99
18, 27, 36, 45, 54, 63, 72

2 Schreibe alle Zahlen auf, die
a) unter der 3 stehen.
b) über der 99 stehen.

3 Ergänze die fehlenden Zahlen.

a)

27	28	
		39
		49

b)

34		
	45	46
54		

c)

		60
		70
78		

d)

	5	
	25	

4 a)

	17	

b)

		63	
	92		

c)

67			
			100

d)

53			
			66

5 Welche acht Zahlen stehen um die Zahl
a) 55 ____, ____, ____, ____, ____, ____, ____, ____
b) 87 ____, ____, ____, ____, ____, ____, ____, ____

?	?	?
?	55	?
?	?	?

?	?	?
?	87	?
?	?	?

6 Findest du Zahlen, die direkt untereinander in der Hundertertafel stehen und zusammengezählt
a) 18 ergeben? Lösung: ____ + ____ b) 34 ergeben? Lösung: ____ + ____

Übungen am Zahlenstrahl

1 Welche Zahlen gehören in die Kreise?

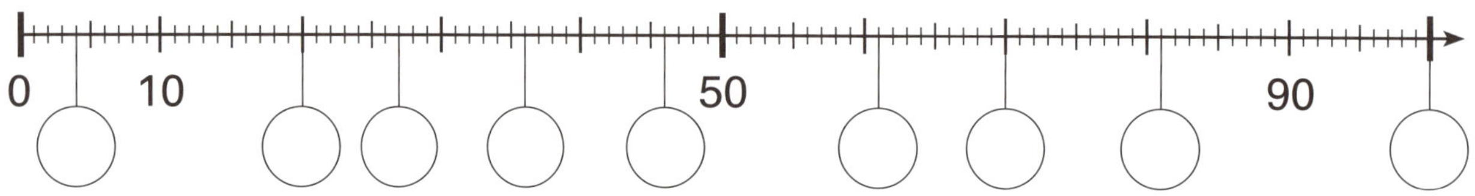

2 Welche Zahlen hat Lexi rot markiert?

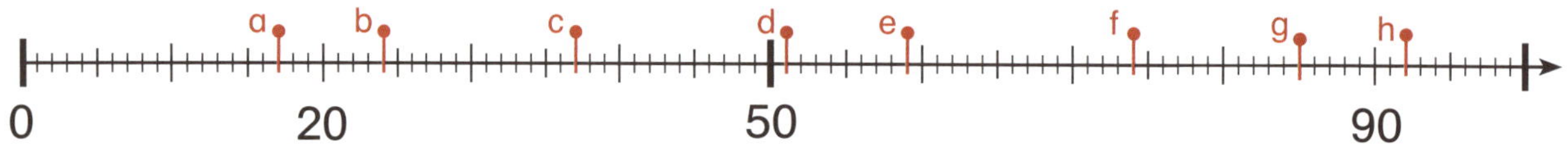

a: 17 b: ____ c: ____ d: ____ e: ____ f: ____ g: ____ h: ____

3 Markiere wie Lexi.

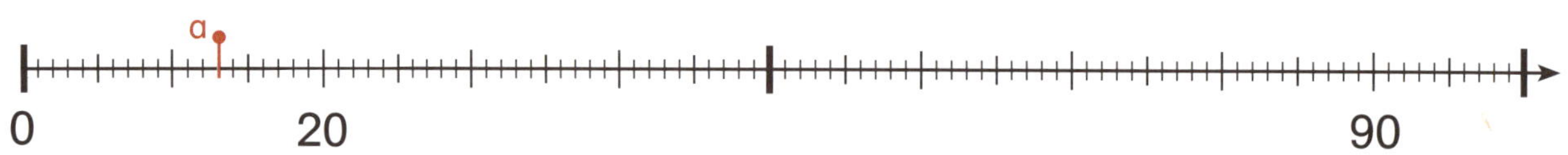

a: 13 b: 21 c: 25 d: 45 e: 50 f: 66 g: 79 h: 99

4 Vergleiche. Setze <, > oder = ein.

a)	b)	c)	d)
34 ◯ 32	52 ◯ 58	29 ◯ 29	80 ◯ 89
18 ◯ 81	46 ◯ 48	55 ◯ 88	24 ◯ 14
93 ◯ 73	84 ◯ 68	72 ◯ 71	63 ◯ 36
17 ◯ 17	99 ◯ 19	33 ◯ 23	15 ◯ 51
95 ◯ 85	13 ◯ 31	13 ◯ 41	99 ◯ 89

5 Wie heißen die Nachbarzehner?

Nachbarzehner	Zahl	Nachbarzehner
20	27	30
	81	
	44	
	15	
	38	
	92	
	76	
	33	
	59	

6 Vor und zurück zu den Nachbarzehnern.

27 + 3 = ____	27 − 7 = ____
81 + 9 = ____	81 − 1 = ____
44 + __ = ____	44 − __ = ____
15 + __ = ____	15 − __ = ____
38 + __ = ____	38 − __ = ____
92 + __ = ____	____ − __ = ____
76 + __ = ____	____ − __ = ____
33 + __ = ____	____ − __ = ____
59 + __ = ____	____ − __ = ____

Euro und Cent

1 Wie viel Cent, wie viel Euro?

a) 

___ Cent

b) 

___ Euro

2 Wie viel Cent fehlen noch zu einem Euro?

a) 

Es fehlen ___ ct.

b) 

Es fehlen ___ ct.

c) 

Es fehlen ___ ct.

3 Lege mit Rechengeld. Zeichne zwei Möglichkeiten auf.

25 ct	32 ct	61 ct
25 ct	32 ct	61 ct

4 Lege und zeichne die Beträge.

a) 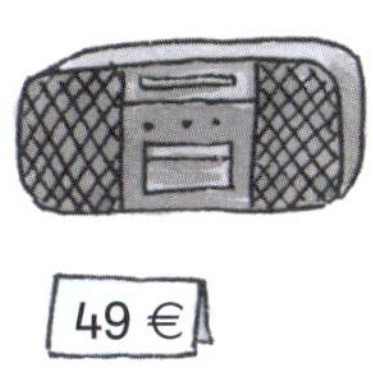

b) 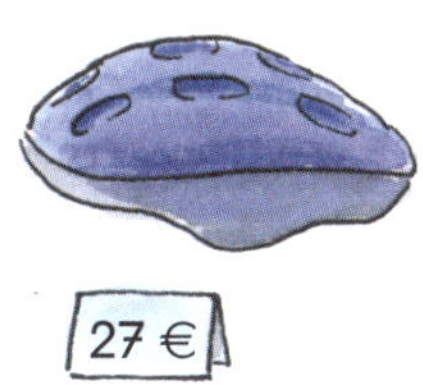

c) Frau Mai kauft den CD-Player. Sie bezahlt mit einem 100-Euro-Schein.
Sie bekommt ___ Euro zurück.

d) Kati kauft sich den Fahrradhelm und gibt dem Verkäufer zwei 20-Euro-Scheine. Wie viel Euro bekommt sie zurück?

Kati bekommt ___ Euro zurück.

Körper erkennen, Baupläne

1 Ordne zu und bringe die Buchstaben in die richtige Reihenfolge.

Würfel	
Quader	
Zylinder	
Kugel	

2 Welche Körper sind im Sack?

a) b) c) d)

3 Zeichne zu jedem Gebäude einen Bauplan.

a) b) c) d)

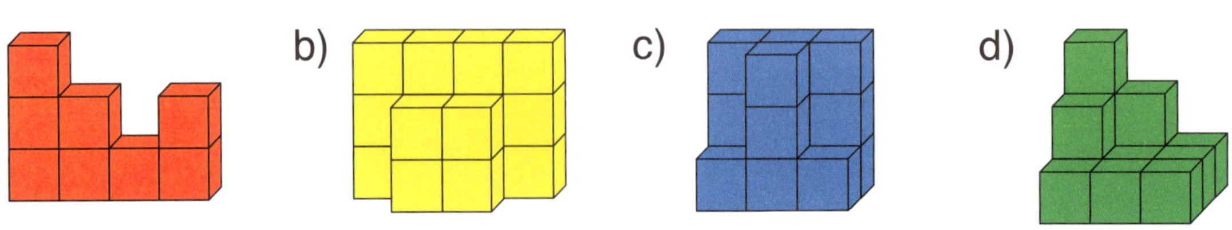

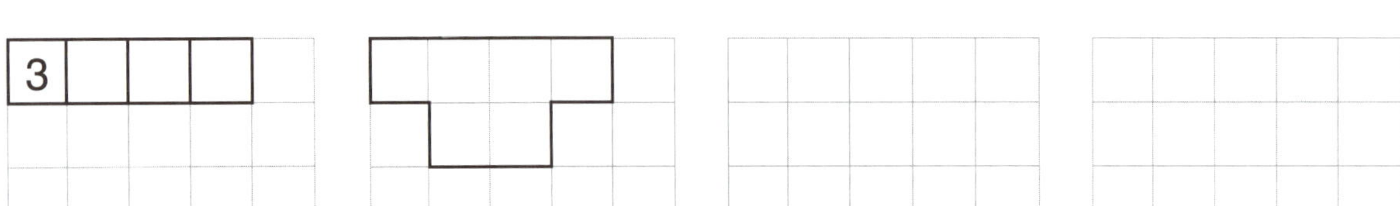

Ansichten von Körpern

1 Ordne zu und male an.

a)

von rechts | von |

b)

2 Zeichne und male an.

von vorne | von rechts | von hinten

3 Vervollständige.

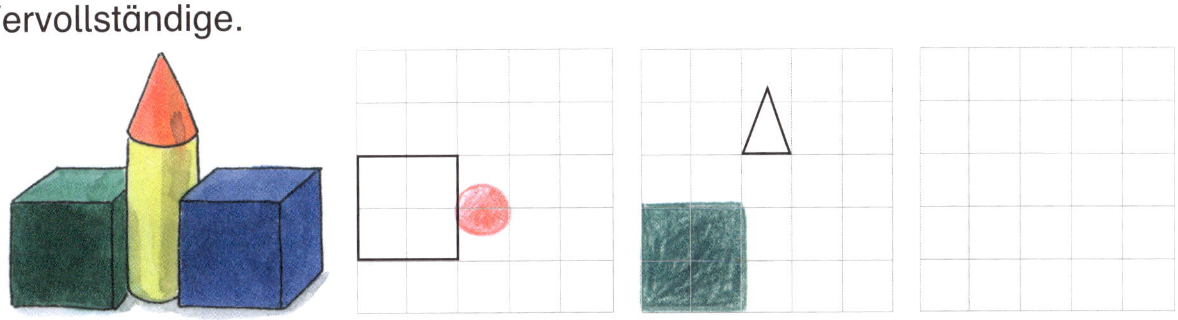

Flächen zeichnen

1 Verbinde die Punkte und ergänze zu Vierecken. Färbe die Quadrate blau.

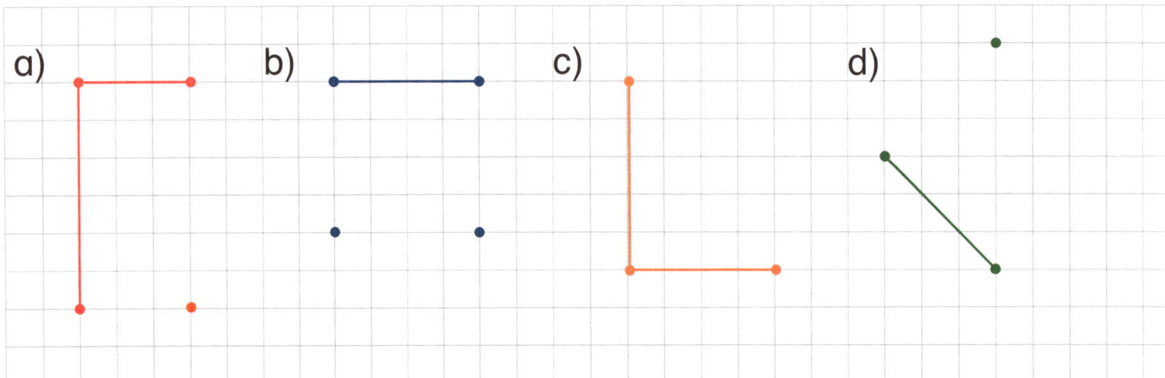

2 Verbinde die Punkte und ergänze zu Quadraten.

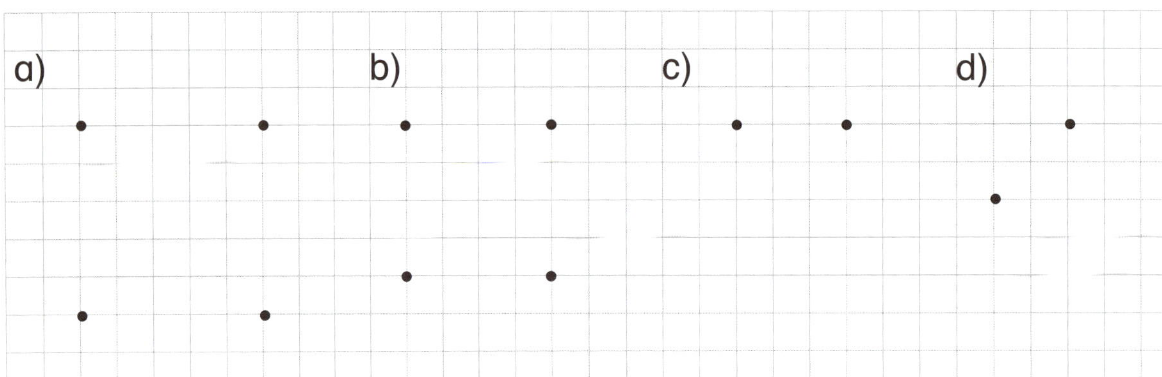

3 Verbinde die Punkte so, dass Dreiecke entstehen.

a)

b)

c)

4 Vergrößere die Bilder.

a)

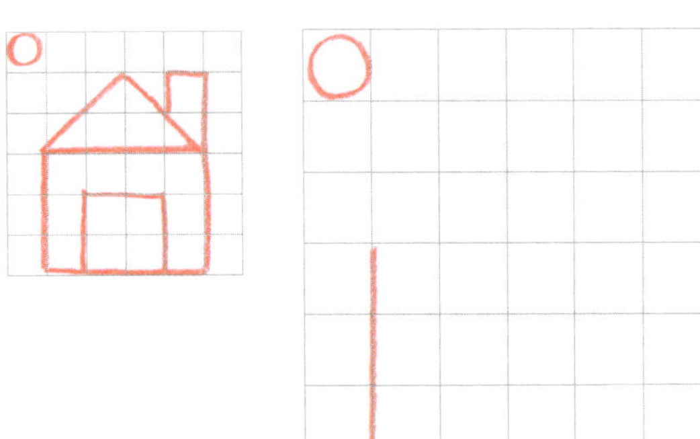

b)

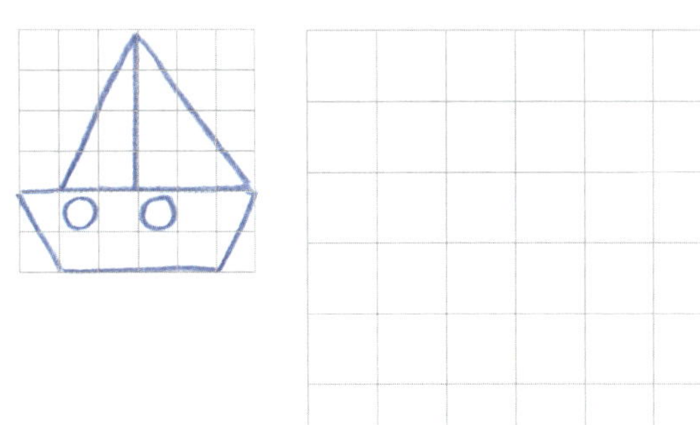

Vom Zwanzigerraum zum Hunderterraum

1 Ergänze zum nächsten Zehner.

a) 17 + ___ = 20
58 + ___ = 60

b) 24 + ___ = ___
81 + ___ = ___

2 Rechne zum Zehner.

a) 53 – ___ = 50
37 – ___ = 30

b) 91 – ___ = ___
49 – ___ = ___

3

a)

b)

4

–	2	6	8	3	9
40					
70					
90					

5 Schreibe Aufgaben zu den Bildern.

a)
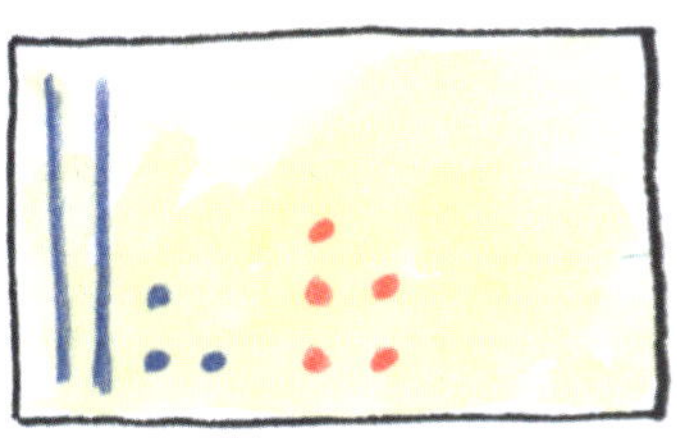

___ + ___ = ___

b)
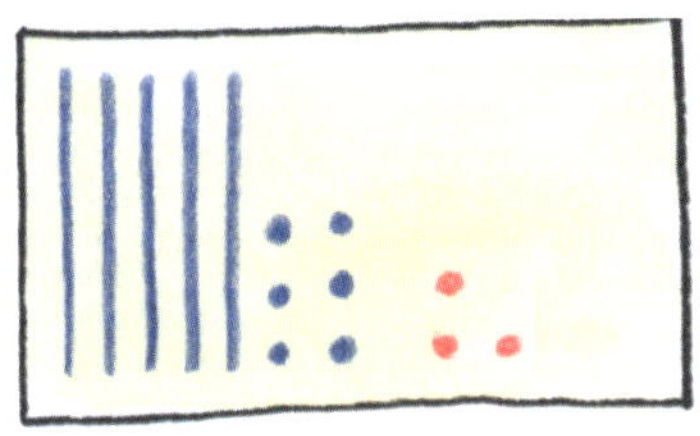

___ + ___ = ___

c)

___ – ___ = ___

6 Male und rechne.

a) 3 + 5 = ___

b) 33 + 5 = ___

c) 73 + 5 = ___

7 Rechne am Zahlenstrahl.

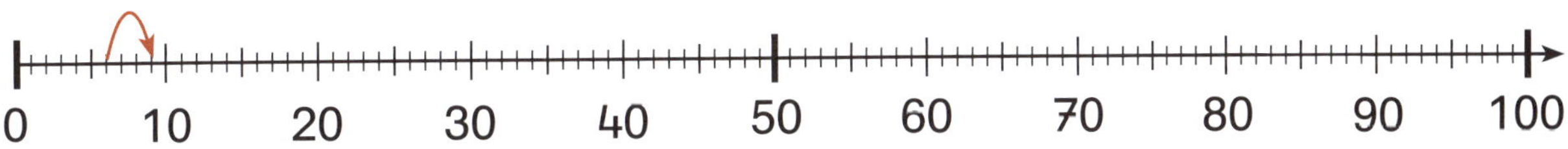

6 + 3 = ___ 26 + 3 = ___ 56 + 3 = ___ 76 + 3 = ___ 96 + 3 = ___

8 Rechne am Rechenstrich.

a)
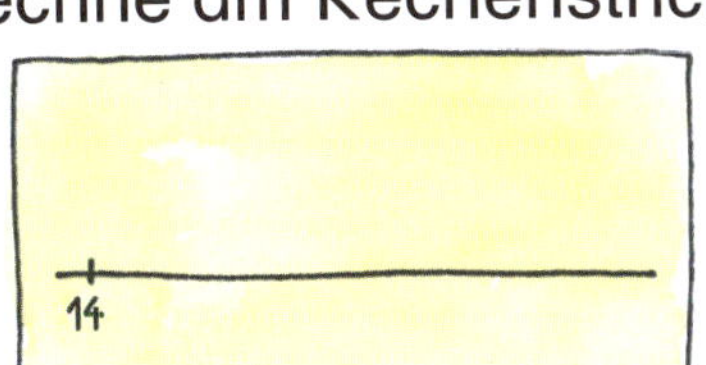

14 + 4 = ___

b) 37 – 6 = ___

c) 56 – 5 = ___

Addieren von Einerzahlen mit Zehnerübergang

1 Schreibe Aufgaben zu den Bildern.

a) 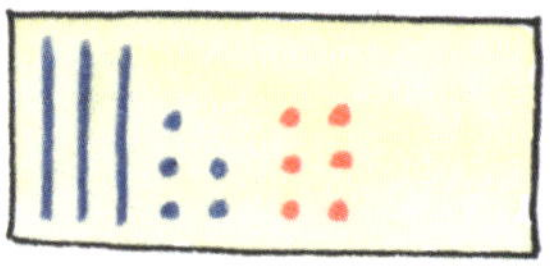

___ + ___ = ___

b) 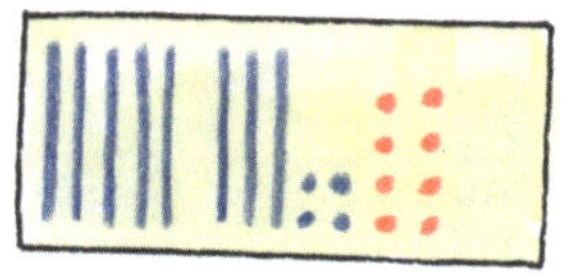

___ + ___ = ___

c) 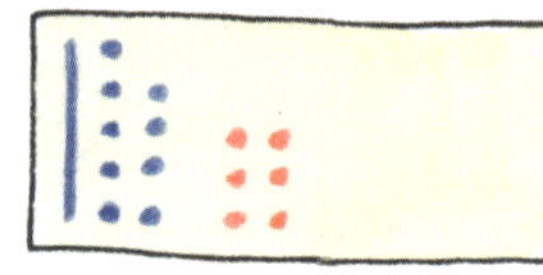

___ + ___ = ___

2 Male und rechne.

a) 33 + 8 = ___

b) 47 + 4 = ___

c) 29 + 3 = ___

3 Ergänze die fehlenden Zahlen und Aufgaben.

a) 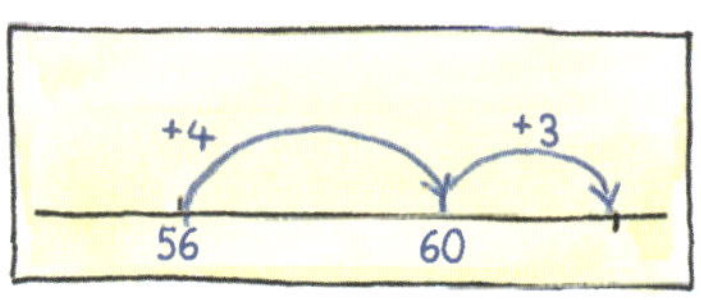

___ + ___ = ___

b) 

69 + 4 = ___

c) 

84 + 8 = ___

4 Rechne geschickt.

a) 39 + 5 + 1 = ___
3 + 56 + 4 = ___

b) 7 + 43 + 5 = ___
6 + 72 + 4 = ___

c) 67 + 6 + 3 = ___
2 + 89 + 8 = ___

5 a)

+	3	5	6
17			
37			

b)

+	7	8	9
46			
78			

6

+	5		8
24		31	
59			

7 Male Kärtchen mit dem gleichen Ergebnis in einer Farbe aus.

37 + 4 = ___ | 38 + 6 = ___ | 43 + 8 = ___ | 36 + 8 = ___ | 37 + 8 = ___

45 + 9 = ___ | 49 + 5 = ___ | 49 + 7 = ___ | 47 + 9 = ___

34 + 7 = ___ | 39 + 8 = ___ | 48 + 3 = ___ | 38 + 9 = ___ | 38 + 7 = ___

Subtrahieren von Einerzahlen mit Zehnerübergang

1 Schreibe die Aufgaben zu den Bildern.

a) 

___ – ___ = ___

b) 

___ – ___ = ___

c) 

___ – ___ = ___

2 Male und rechne.

a) 25 – 7 = ___

b) 42 – 5 = ___

c) 61 – 6 = ___

3 Rechne geschickt.

a) 42 – 2 – 5 = ___
28 – 9 – 8 = ___

b) 63 – 5 – 3 = ___
35 – 5 – 6 = ___

c) 77 – 4 – 7 = ___
84 – 6 – 4 = ___

4 a)

–	3	5	8
23			
43			
63			

b)

–	10	9	8
35			
82			
91			

5

–	5	7	
15			6
24			
		76	

6 a)

54 – 2 = ___
54 – 4 = ___
54 – 6 = ___
___ – ___ = ___

b)

31 – 1 = ___
31 – 3 = ___
31 – 5 = ___
___ – ___ = ___

c)

22 – 9 = ___
___ – ___ = ___
66 – 9 = ___
___ – ___ = ___

7

Addieren zweistelliger Zahlen ohne Zehnerübergang

1 Wie rechnest du?

a) 24 + 15 = ____ b) 38 + 21 = ____ c) 43 + 36 = ____

2

a)	b)	c)	d)
40 + 40 = ____	33 + 40 = ____	30 + 31 = ____	81 + 11 = ____
40 + 28 = ____	17 + 50 = ____	34 + 31 = ____	26 + 43 = ____
40 + 16 = ____	56 + 30 = ____	36 + 31 = ____	71 + 18 = ____
40 + 36 = ____	79 + 20 = ____	38 + 31 = ____	64 + 32 = ____

3 Finde die Fehler. Trage das richtige Ergebnis ein.

a)	b)	c)
72 + 6 = 78 r.	63 + 17 = 70 ____	41 + 46 = 87 ____
46 + 23 = ~~63~~ ____	36 + 43 = 79 ____	59 + 21 = 70 ____
27 + 31 = 58 ____	52 + 25 = 77 ____	84 + 0 = 0 ____
73 + 22 = 95 ____	33 + 54 = 83 ____	25 + 64 = 98 ____

4

11 + 88	25 + 24	15 + 34	64 + 35
13 + 74	22 + 77	33 + 66	33 + 54
23 + 26	13 + 53	23 + 43	35 + 14
23 + 64	14 + 52	33 + 33	16 + 71

5 a)

b)

c)

Subtrahieren zweistelliger Zahlen ohne Zehnerübergang

1 Wie rechnest du?

a) 28 – 16 = ___ b) 38 – 36 = ___ c) 67 – 44 = ___

2

a)	b)	c)	d)
70 – 20 = ___	50 – 30 = ___	45 – 24 = ___	84 – 41 = ___
73 – 20 = ___	58 – 30 = ___	64 – 24 = ___	89 – 47 = ___
73 – 40 = ___	88 – 30 = ___	25 – 24 = ___	82 – 42 = ___
73 – 60 = ___	38 – 30 = ___	96 – 24 = ___	87 – 44 = ___

3 Finde die Fehler. Trage das richtige Ergebnis ein.

a)	b)	c)
65 – 32 = 33 r.	80 – 16 = 70 ___	68 – 46 = 22 ___
78 – 45 = ~~32~~ ___	47 – 35 = 12 ___	59 – 19 = 50 ___
54 – 24 = 30 ___	85 – 23 = 58 ___	93 – 72 = 21 ___
87 – 24 = 63 ___	45 – 34 = 12 ___	96 – 62 = 43 ___

4 Verbinde.

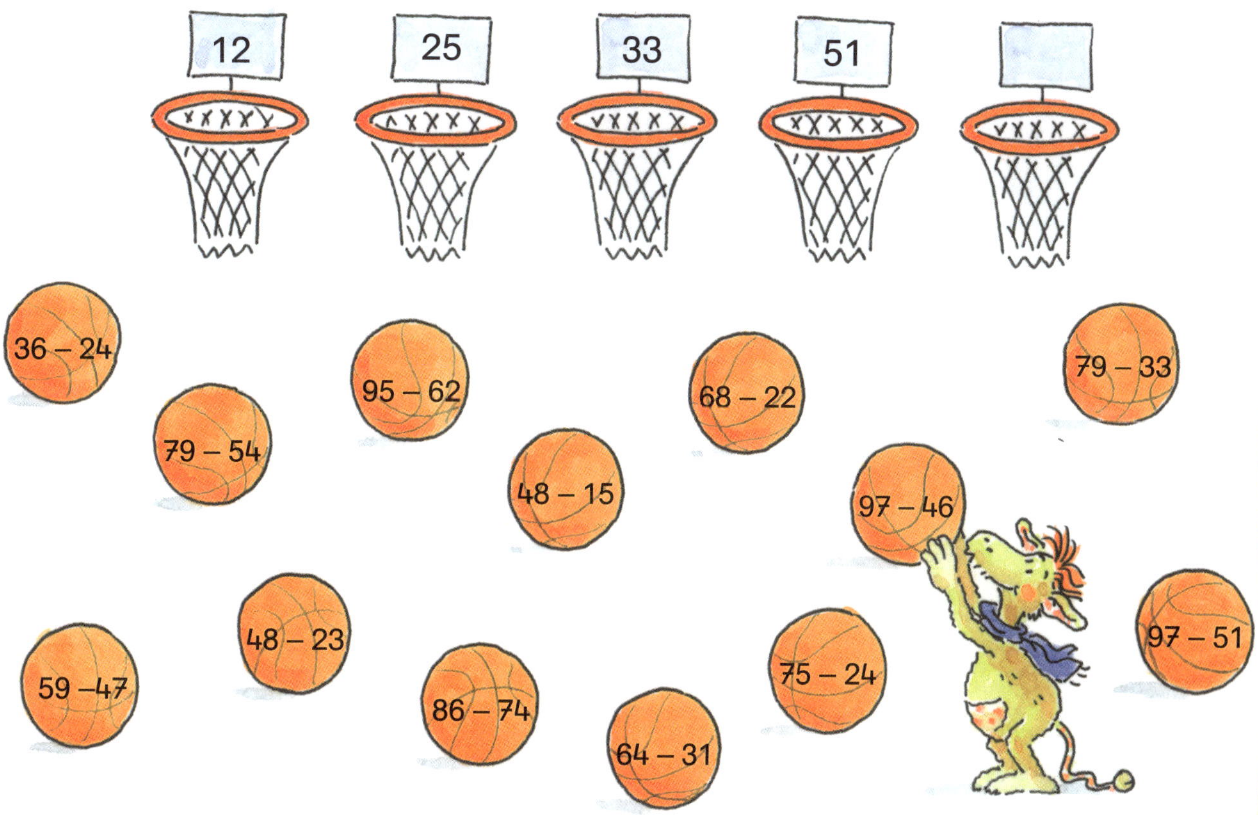

Übungen zur Addition und Subtraktion

1

a) 23 ◯ 34

23 + 34 = ___
___ + ___ = ___
___ − ___ = ___
___ − ___ = ___

b) 51 79 28

___
___
___
___

c) ◯ 65 ◯

___
___
___
___

2

a)
43 + 34 = ___
51 + 15 = ___
13 + 31 = ___
52 + 25 = ___

b)
26 + 62 = ___
63 + 36 = ___
54 + 45 = ___
14 + 41 = ___

c)
72 + 27 = ___
21 + ___ = 33
___ + 16 = 77
___ + 11 = 22

3 Welche Kärtchen passen? Setze ein.

18 23 35 47 52 64 89

41 + ___ = 59
67 − ___ = 32
___ − 34 = 55
___ + 42 = 77

___ + ___ = 58
___ + ___ = 70
___ + ___ = 87
___ + ___ = 75

70 − ___ = ___
99 − ___ = ___
75 − ___ = ___
___ − ___ = 54

___ + 24 = ___
___ + 41 = ___
___ − 12 = ___
___ − 42 = ___

4 Rechne und male.

31
55
76
96

Sachrechnen

1 Luka kauft einen Bob und eine Mütze.
Wie viel muss er bezahlen?

Bob:

Mütze:

Er muss ____ Euro bezahlen.

2 Marie kauft sich Schlittschuhe und Handschuhe.
Wie viel Geld kosten die Sachen zusammen?

3 Leonie hat 50 Euro. Sie hätte gern einen Pullover und einen Schal.
Was muss sie bezahlen? Wie viel Geld hat sie dann noch?

4 Herr Fischer hat 2 Dinge gekauft und hat dafür 60 Euro bezahlt.

Bild und Spiegelbild

1 Welche Bilder kannst du mit dem Spiegel sehen? Kreuze an.

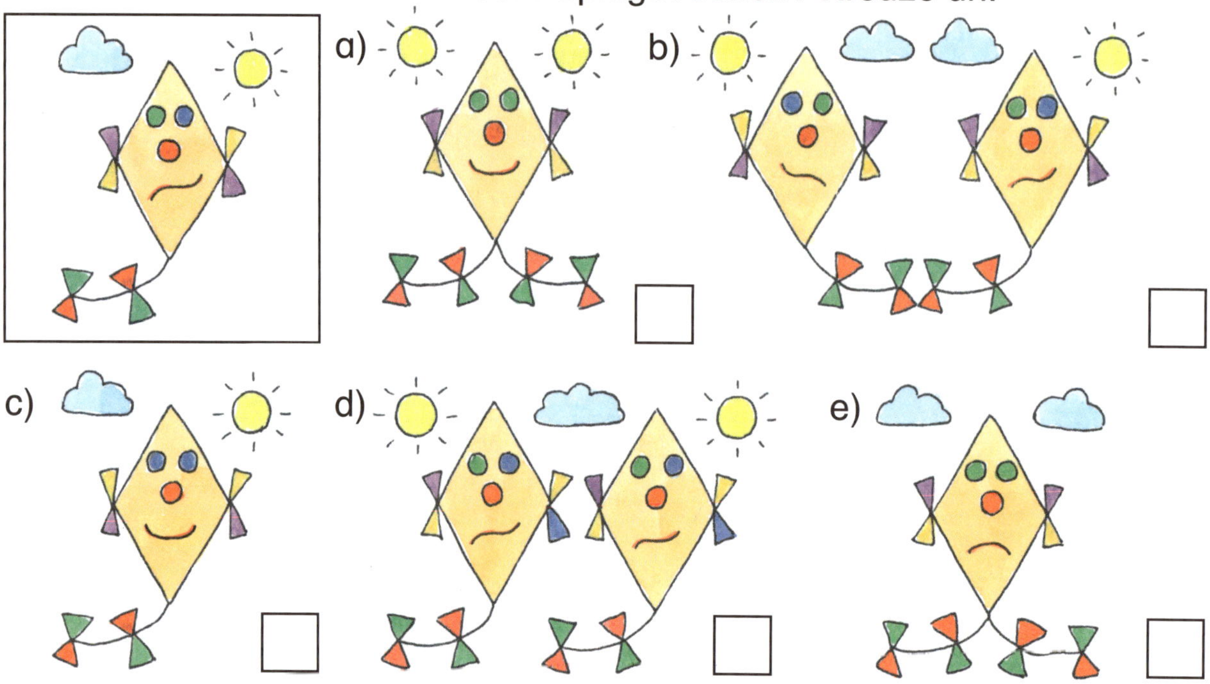

2 Kannst du alles lesen? Schreibe es auf.

3 Eva sieht die Autokennzeichen im Rückspiegel. Schreibe sie richtig auf. Weißt du, woher die Autos kommen?

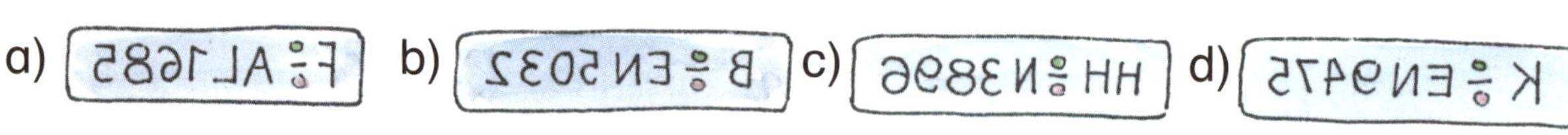

4 Suche mit Hilfe des Spiegels weitere Figuren. Zeichne diese ein.

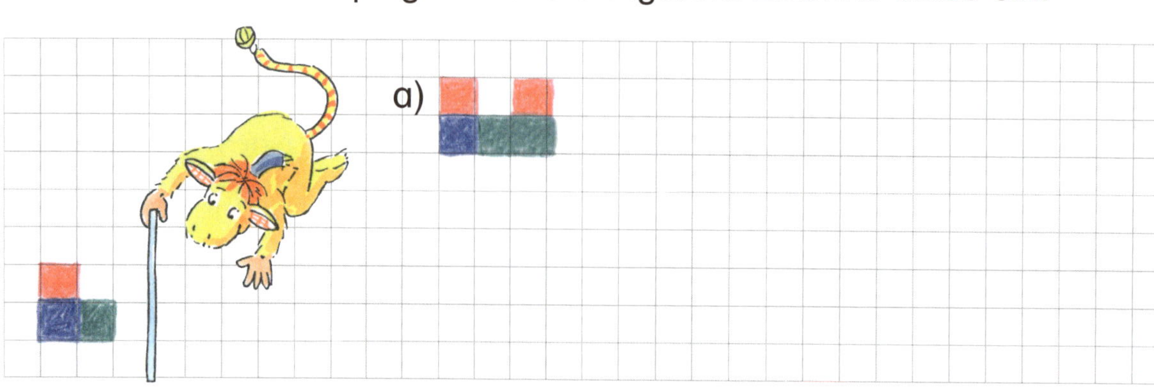

Symmetrische Figuren

1 Symmetrisch oder nicht symmetrisch? Zeichne mögliche Spiegelachsen ein.

2 Welche Buchstaben wurden ausgeschnitten? Schreibe sie auf.

M ___ ___ ___ ___ ___ ___ ___ ___ ___ ___ !

3 Ergänze zu symmetrischen Figuren.

a)

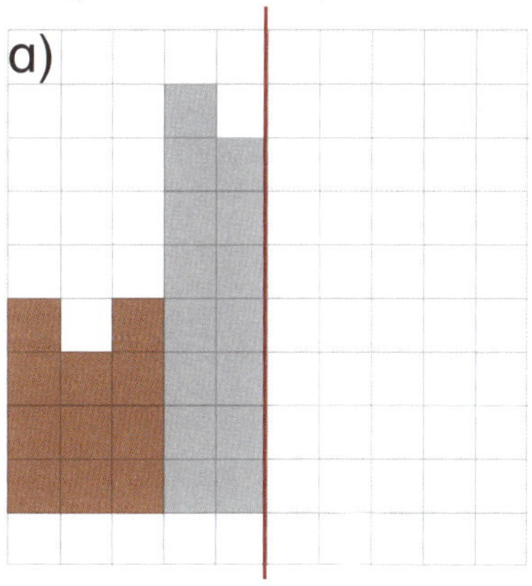

b)

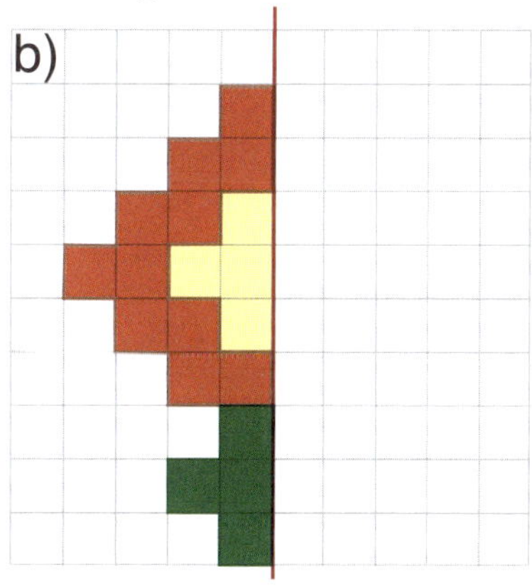

c)

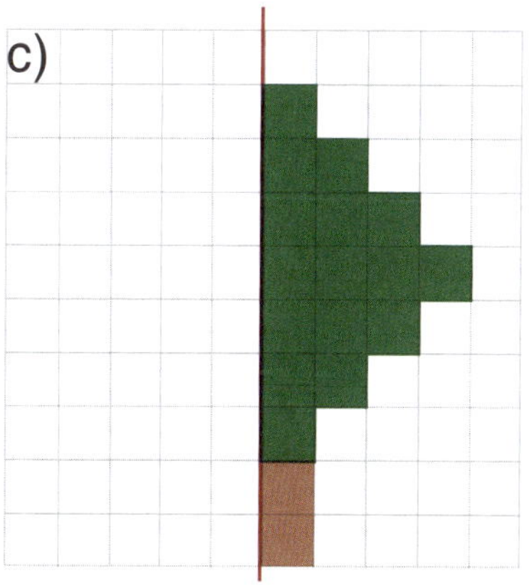

4 Ergänze zu symmetrischen Figuren

a)

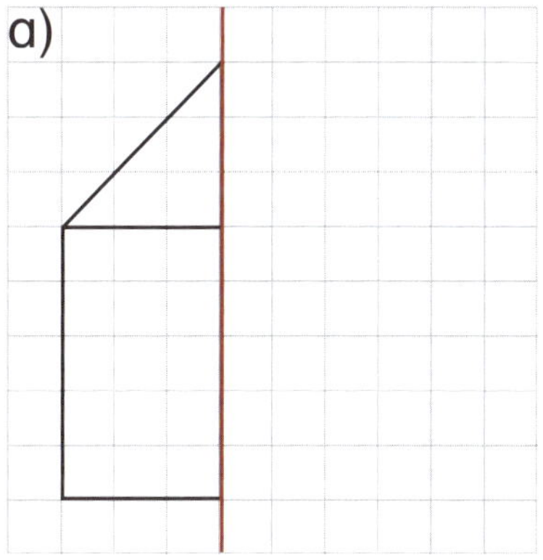

b)

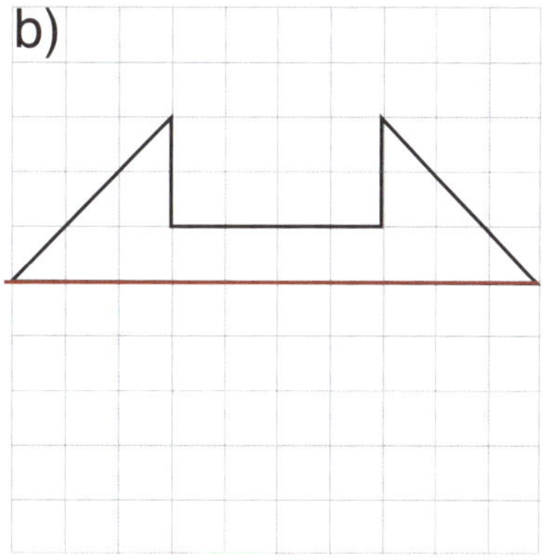

5

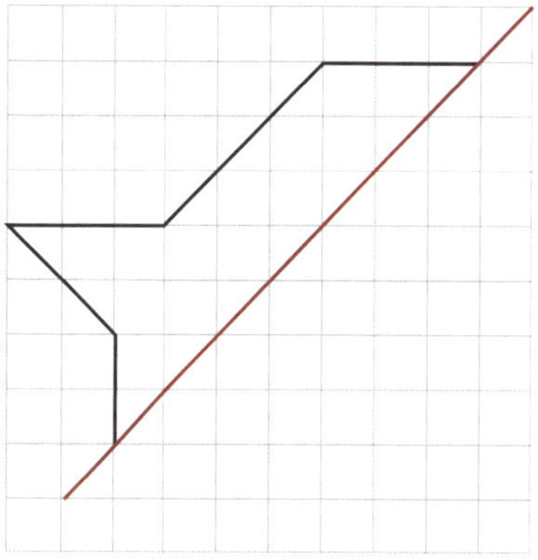

Längen schätzen und messen

1 Welche Angabe kann stimmen? Male aus.

a) 

50 cm	2 m
1 m	10 m

b) 

1 m	2 m
4 m	10 m

c) 

50 cm	1 m
8 m	20 m

d) 

1 m	2 m
4 m	10 m

2 Ordne die Beispiele richtig ein.

a) Tafelhöhe
b) Stuhlbreite
c) Armlänge
d) Tischlänge
e) Fahrradlänge
f) Fahrradhöhe
g) ____________

kürzer als 1 m	etwa 1 m lang	länger als 1 m

3 Schätze und miss deine Körpermaße.

	geschätzt	gemessen
Fußlänge		
Beinlänge		
Armspanne		
Fingerspanne		
Körperhöhe		
Fingerbreite		

4 Teile eine Schnur von 1m Länge in gleich große Teile.
Wie lang sind die Teile?

a) 2 Teile: Jedes Teil ist ____ cm lang.
b) 4 Teile: Jedes Teil ist ____ cm lang.
c) 5 Teile: Jedes Teil ist ____ cm lang.

Strecken messen und zeichnen

1 Miss die Länge der Nägel. Ordne.

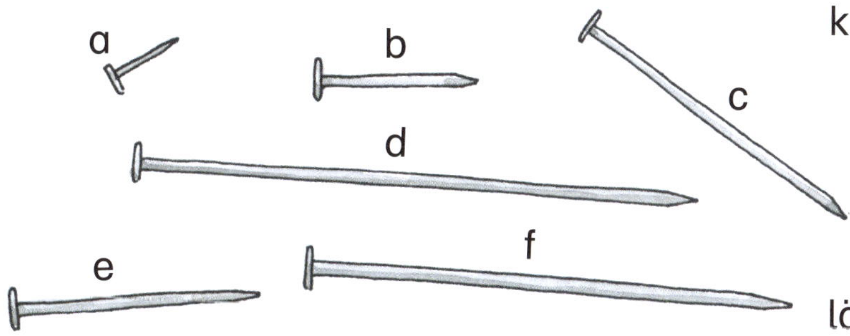

kürzester Nagel a = ___ cm
___ = ___ cm
___ = ___ cm
___ = ___ cm
___ = ___ cm
längster Nagel ___ = ___ cm

2 Zeichne Strecken mit dem Lineal.

$\overline{AB}$ = 8 cm

$\overline{CD}$ = 4 cm

$\overline{EF}$ = 12 cm

$\overline{GH}$ = 9 cm

3 Zwei Streifen sind immer gleich lang. Male sie in der gleichen Farbe aus.

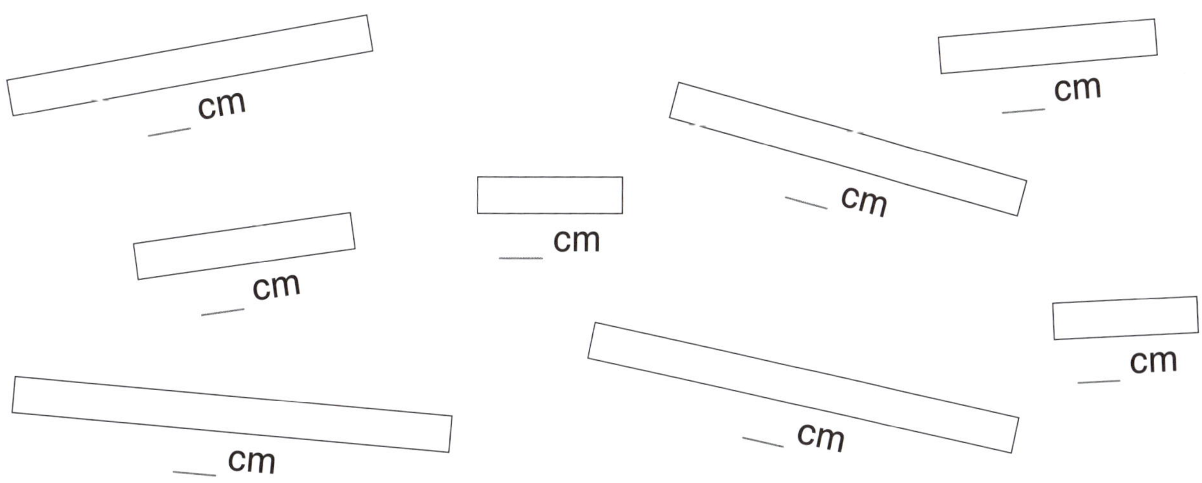

4 Ergänze zu einem Meter.

15 cm + 15 cm + ____ cm = 1m

30 cm + 25 cm + ____ cm = 1m

45 cm + 13 cm + ____ cm = 1m

23 cm + 17 cm + ____ cm = 1m

Addieren zweistelliger Zahlen mit Zehnerübergang

1 Welche Aufgabe gehört zu welchem Bild? Verbinde und rechne.

18 + 23 = ___

48 + 24 = ___

45 + 26 = ___

15 + 36 = ___

37 + 24 = ___

26 + 15 = ___

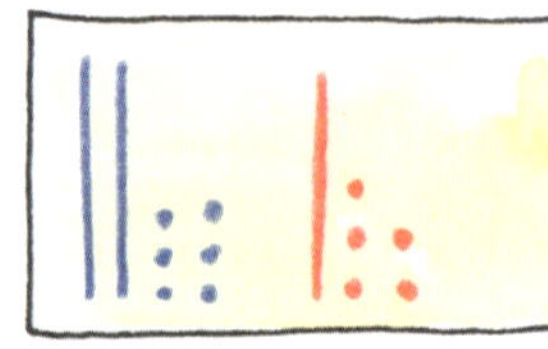

2 Male und rechne.

a) 45 + 28 = ___

b) 56 + 18 = ___

c) 47 + 16 = ___

3 Welche Plusaufgaben sind dargestellt? Rechne.

a)

___ + ___ = ___

b)
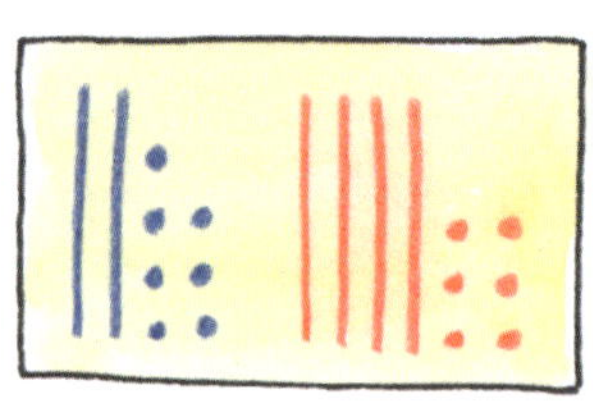

___ + ___ = ___

c)

___ + ___ = ___

4 Rechne am Rechenstrich.

a) 35

35 + 56 = ___

b) 24 + 67 = ___

c) 45 + 39 = ___

Addieren zweistelliger Zahlen mit Zehnerübergang

1 Wie rechnen die Kinder und Lexi? Verbinde die Sprechblasen mit der passenden Aufgabe und rechne.

26 + 57 = ___	55 + 27 = ___
20 + 50 = ___	5 + 7 = ___
6 + 7 = ___	___ + ___ = ___

47 + 38 = ___	67 + 24 = ___
47 + 30 = ___	67 + 4 = ___
___ + ___ = ___	___ + ___ = ___

2 Löse die Aufgaben auf zwei verschiedenen Wegen.

a) 37 + 48 = ___
30 + 40 = ___
___ + ___ = ___

b) 78 + 14 = ___
___ + ___ = ___
___ + ___ = ___

37 + 48 = ___
37 + 40 = ___
___ + ___ = ___

78 + 14 = ___
___ + ___ = ___
___ + ___ = ___

3

a) 45 + 39 = ___	b) 72 + 19 = ___	c) 56 + 29 = ___
45 + 40 = ___	72 + ___ = ___	56 + ___ = ___
45 + 39 = ___	72 + ___ = ___	56 + ___ = ___

4 Rechne im Kopf.

a)		b)		c)		d)	
	47 + 19 = ___		12 + 59 = ___		68 + 29 = ___		27 + 39 = ___
	44 + 28 = ___		26 + 48 = ___		24 + 58 = ___		57 + 18 = ___
	33 + 49 = ___		15 + 79 = ___		38 + 38 = ___		66 + 29 = ___

(66), (66), (71), (72), (74), (75), (76), (82), (82), (94), (95), (97)

Übungen zur Addition

1 Löse und finde eine weitere Aufgabe.

a)	b)	c)
37 + 19 = ___	16 + 46 = ___	54 + 37 = ___
18 + 38 = ___	27 + 35 = ___	33 + 58 = ___
29 + 27 = ___	53 + 9 = ___	28 + 63 = ___
48 + 8 = ___	38 + 24 = ___	19 + 72 = ___
___ + ___ = ___	___ + ___ = ___	___ + ___ = ___

2

a)

+	17	26	46
14			
26			
36			

b)

+	29	49	59
23			
11			
38			

c)

+	48	56	64
27			
16			
18			

3

a)	b)	c)
23 + 23 = ___	35 + 29 = ___	50 + 47 = ___
22 + 24 = ___	37 + 31 = ___	51 + 45 = ___
21 + 25 = ___	39 + 33 = ___	52 + 43 = ___
___ + ___ = ___	___ + ___ = ___	___ + ___ = ___
___ + ___ = ___	___ + ___ = ___	___ + ___ = ___

4 Löse die Aufgaben. Suche den dazugehörenden Buchstaben auf Lexis Ballons. Schreibe den Lösungsbuchstaben hinter die Aufgaben.

18 + 18 = ___
58 + 38 = ___
26 + 27 = ___
33 + 49 = ___
59 + 24 = ___
19 + 44 = ___

Lösungswort: ______________________

Übungen zur Addition

1 Rechne die Nachbaraufgaben.

a)

26 + 25 = ___	___ + ___ = ___
26 + 26 = ___	
___ + ___ = ___	___ + ___ = ___

b)

___ + ___ = ___	___ + ___ = ___
42 + 42 = ___	
___ + ___ = ___	___ + ___ = ___

2 Rechne geschickt.

a)	b)	c)
3 + 21 + 37 = ___	25 + 19 + 25 = ___	15 + 29 + 15 = ___
9 + 15 + 41 = ___	36 + 17 + 34 = ___	47 + 18 + 23 = ___
48 + 19 + 2 = ___	11 + 27 + 39 = ___	19 + 14 + 16 = ___
14 + 33 + 16 = ___	22 + 41 + 28 = ___	29 + 24 + 26 = ___

3 Vergleiche. Was fällt dir auf?

0	+18 →	___	+18 →	___
↓ +12		↓ +12		↓ +12
___	+18 →	___	+18 →	___
↓ +12		↓ +12		↓ +12
___	+18 →	___	+18 →	___

10	+18 →	___	+18 →	___
↓ +12		↓ +12		↓ +12
___	+18 →	___	+18 →	___
↓ +12		↓ +12		↓ +12
___	+18 →	___	+18 →	___

20	+18 →	___	+18 →	___
↓ +12		↓ +12		↓ +12
___	+18 →	___	+18 →	___
↓ +12		↓ +12		↓ +12
___	+18 →	___	+18 →	___

40	+18 →	___	+18 →	___
↓ +12		↓ +12		↓ +12
___	+18 →	___	+18 →	___
↓ +12		↓ +12		↓ +12
___	+18 →	___	+18 →	___

Subtrahieren zweistelliger Zahlen mit Zehnerübergang

1 Welche Aufgabe gehört zu welchem Bild? Verbinde und rechne.

100 – 45 = ___

53 – 46 = ___

74 – 47 = ___

74 – 56 = ___

44 – 18 = ___

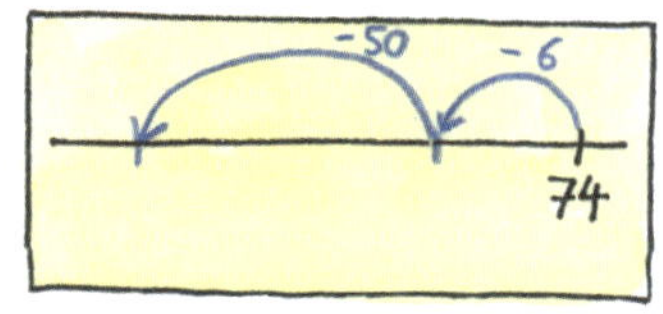

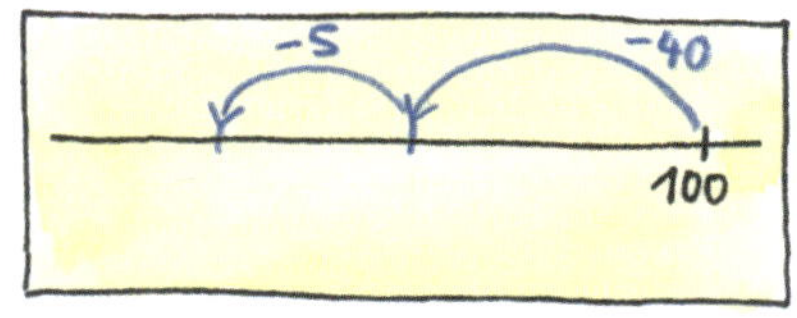

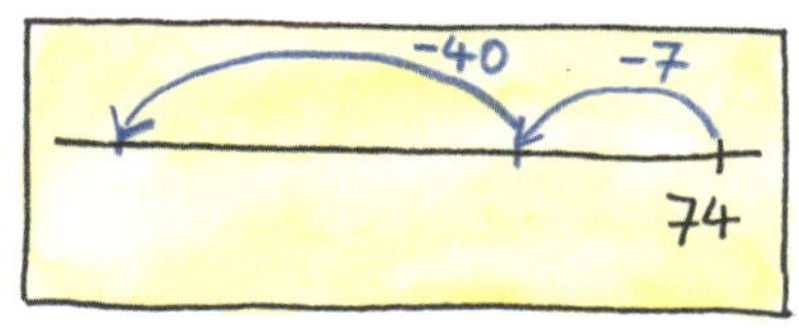

2 Male und rechne.

a) 

24 – 17 = ___

b)

44 – 26 = ___

c)

85 – 58 = ___

3 Welche Minusaufgaben sind dargestellt? Rechne.

a) 

___

b) 

___

c) 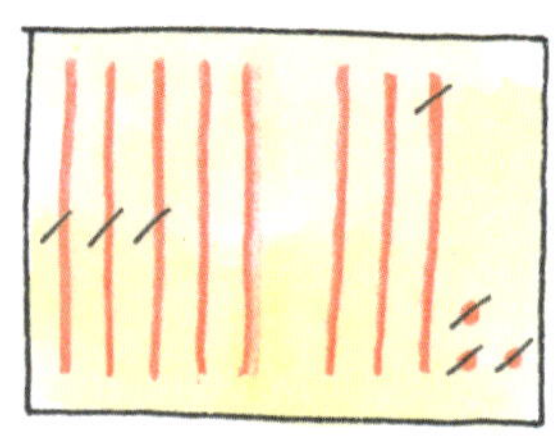

___

4 Rechne am Rechenstrich.

a) 

43 – 26 = ___

b)

77 – 38 = ___

c)

54 – 45 = ___

Subtrahieren zweistelliger Zahlen mit Zehnerübergang

1 Wie rechnen die Kinder und Lexi? Verbinde die Sprechblase mit der passenden Aufgabe und rechne.

41 – 38 = ___
38 + ___ = 41

86 – 37 = ___
86 – 7 = ___
79 – 30 = ___

54 – 26 = ___
54 – 20 = ___
34 – 6 = ___

2 Wie rechnest du?

a) 45 – 16 = ___
b) 82 – 25 = ___
c) 71 – 48 = ___

3 Rechne geschickt.

a) 52 – 39 = ___
52 – 40 = ___
12 + 1 = ___

b) 63 – 59 = ___

c) 81 – 68 = ___

4
a) 95 – 62 = ___
95 – 65 = ___
95 – 69 = ___

b) 53 – 41 = ___
53 – 43 = ___
53 – 47 = ___

c) 66 – 32 = ___
66 – 36 = ___
66 – 38 = ___

d) 74 – 23 = ___
74 – 24 = ___
74 – 25 = ___

(6), (10), (12), (26), (28), (30), (30), (33), (34), (49), (50), (51)

5
a) 50 – 23 = ___
51 – 23 = ___
61 – 23 = ___

b) 70 – 46 = ___
74 – 46 = ___
84 – 46 = ___

c) 67 – 29 = ___
78 – 29 = ___
92 – 29 = ___

d) 62 – 58 = ___
73 – 69 = ___
94 – 89 = ___

(4), (4), (5), (24), (27), (28), (28), (38), (38), (38), (49), (63)

Übungen zur Subtraktion

1

a) 98 – 32 = ___
69 – 32 = ___
53 – 32 = ___
80 – 32 = ___
71 – 32 = ___

b) 67 – 54 = ___
84 – 54 = ___
73 – 54 = ___
92 – 54 = ___
62 – 54 = ___

c) 66 – 29 = ___
52 – 29 = ___
81 – 29 = ___
93 – 29 = ___
100 – 29 = ___

d) 51 – 48 = ___
60 – 48 = ___
72 – 48 = ___
84 – 48 = ___
55 – 48 = ___

2 Rechne weiter.

a)
71 – 20 = ___
71 – 22 = ___
71 – ___ = ___
___ – ___ = ___

b)
60 – 40 = ___
62 – 38 = ___
64 – ___ = ___
___ – ___ = ___

c)
40 – 20 = ___
41 – 19 = ___
42 – 18 = ___
___ – ___ = ___

3 Welche Aufgabe ist einfacher zu rechnen? Löse sie zuerst.

a) 43 – 28 = ___
45 – 30 = ___

b) 56 – 17 = ___
59 – 20 = ___

c) 82 – 36 = ___
80 – 34 = ___

d) 52 – 18 = ___
___

4

a)

–	16	26	36
66			
77			
55			

19, 29, 30, 39, 40, 41, 50, 51, 61

b)

–	19	39	59
62			
73			
84			

3, 14, 23, 25, 34, 43, 45, 54, 65

5

–	17		44
80		55	
			14
81			

25, 33, 36, 37, 41, 56, 58, 63, 64

6

a)

70			
35			
20			
7			

b)

83			
44			
29			
	8		

Übungen zur Addition und Subtraktion

1 Male die Aufgabe und ihre Umkehraufgabe in derselben Farbe aus.

a)

62 – 48 = ___	12 + 69 = ___
93 – 78 = ___	17 + 16 = ___
81 – 69 = ___	51 + 24 = ___
33 – 16 = ___	14 + 48 = ___
75 – 24 = ___	15 + 78 = ___

b)

39 + 38 = ___	51 – 27 = ___
61 + 17 = ___	75 – 18 = ___
24 + 27 = ___	78 – 17 = ___
19 + 26 = ___	45 – 26 = ___
57 + 18 = ___	77 – 38 = ___

2 Rechne die Aufgabe und schreibe die Umkehraufgabe auf.

a) 51 – 38 = ___
____
36 + 19 = ___
____
63 – 49 = ___
____
55 – 27 = ___
____

b) 82 – 49 = ___
____
44 + 28 = ___
____
93 – 39 = ___
____
64 – 38 = ___
____

c) 66 – 58 = ___
____
85 – 38 = ___
____
87 – 78 = ___
____
73 – 54 = ___
____

3 a)

–	26	36	38
44			
61			
75			

6, 8, 18, 23, 25, 35, 37, 39, 49

b)

–	24	35	46
80			
83			
92			

34, 37, 45, 46, 48, 56, 57, 59, 68

4

+	15	26	
46			
		53	64
		64	

27, 37, 38, 42, 53, 61, 72, 75, 83

5 a)

___

b)

___

c)

___

Übungen zur Addition und Subtraktion

1
2
4

Sachrechnen

1 Was gehört zusammen? Rechne und verbinde.

Max hat Geburtstag.
Opa schenkt ihm 35 €.
Max hatte schon 48 € gespart.
Wie viel Euro hat er jetzt?

Maren wünscht sich einen Schminkkoffer. Oma geht mit ihr einkaufen. Der Schminkkoffer kostet 12 €. Oma bezahlt mit einem 50-€-Schein.

Sie bekommt 12 € zurück.

Von 50 € werden 12 € abgezogen.

Zusammen kosten sie 81 €.

Zusammen sind es 83 €.

Zu 48 € kommen 24 € dazu.

Diese Aufgabe kann man nicht lösen.

Maike hat in einem Schaufenster Inliner gesehen. Die Inliner kosten 48 €, die Knieschützer 12 €, ein Helm 21 €.

Mama muss eine Rechnung von 48 € bezahlen. Sie bezahlt mit drei 20-Euro-Scheinen.

Maren ist 8 Jahre alt.
Sie bekommt 3 € Taschengeld.
Jonas bekommt 5 € Taschengeld.
Wie alt ist Jonas?

Jans große Schwester Lena bekommt jeden Monat 12 € Taschengeld.
Im Sparschwein sind 48 €.
Sie überlegt, wie viel Euro sie nach 2 Monaten hat.

Von der Addition zur Multiplikation

1 Schreibe die Plus- und die Malaufgabe.

a) 

b) 

c) 

a) ___ + ___ + ___ = ___
3 · ___ = ___

b) ______________
____

c) ______________
____

2 Male eigene Bilder und ergänze die Aufgaben.

a) 2 + 2 + 2 + 2 = ___
__________ = ___

b) ______________
4 · 5 = ___

c) __________ = 16
____

3 a) 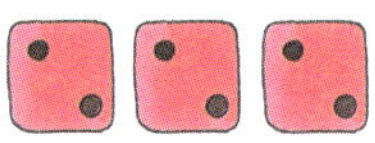

b) 

c) 

a) ___ + ___ + ___ = ___
___ · ___ = ___

b) ______________
____

c) ______________
____

4 a) 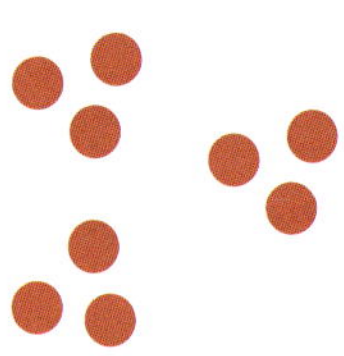

b) 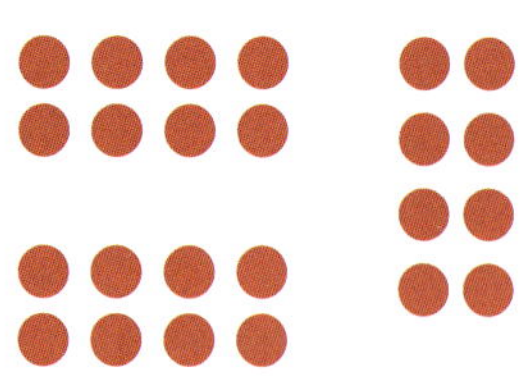

c) 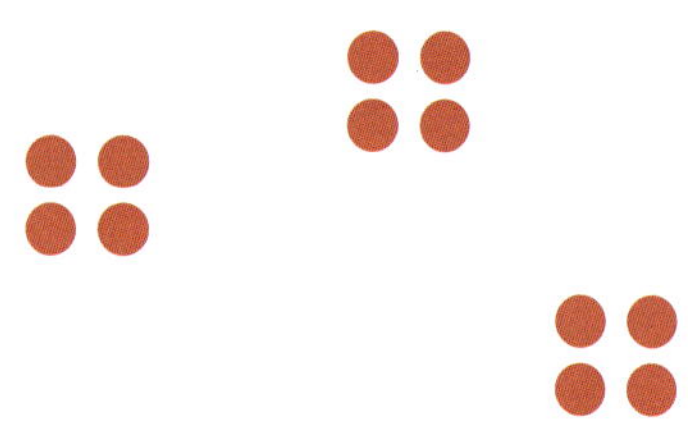

a) __________ = 9
____

b) 8 + 8 + 8 = ___
____

c) ______________
____

5 a) 10 + 10 = ___
___ · ___ = ___

b) 9 + 9 + 9 + 9 + 9 = ___
__________ = ___

c) 6 + 6 + 6 = ___
__________ = ___

Tauschaufg

1 Schreibe zu je alaufgaben.

a) 

c) 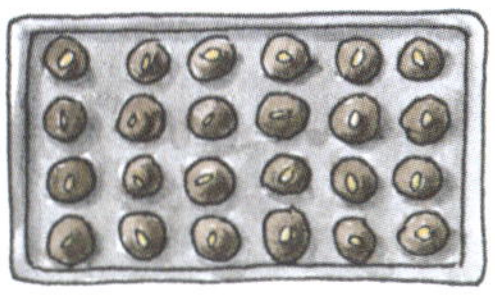

2 Verbinde die Punkte und schreibe die Malaufgaben mit der Tauschaufgabe.

a) 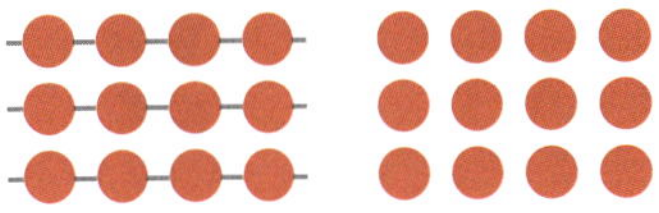

b) 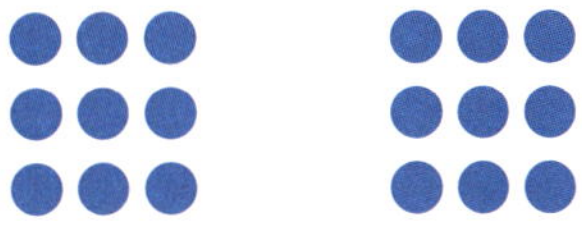

c) 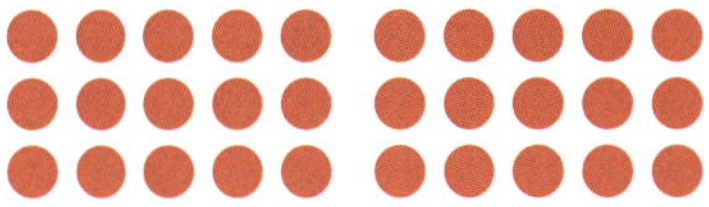

3 Male Aufgabe und Tauschaufgabe wie bei Aufgabe 2.

a) 

$2 \cdot 4 =$ ___ $4 \cdot 2 =$ ___

b) $4 \cdot 4 =$ ___ ___

c) $5 \cdot 2 =$ ___ ___

4 Male die Aufgabe und das passende Bild in der gleichen Farbe an.

$9 \cdot 2$ $5 \cdot 2$ $2 \cdot 9$ $3 \cdot 7$

$4 \cdot 8$ $2 \cdot 2$ $8 \cdot 4$ $7 \cdot 3$ $2 \cdot 5$

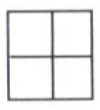

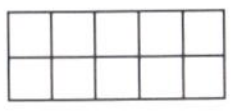

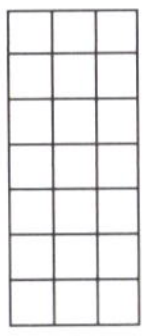

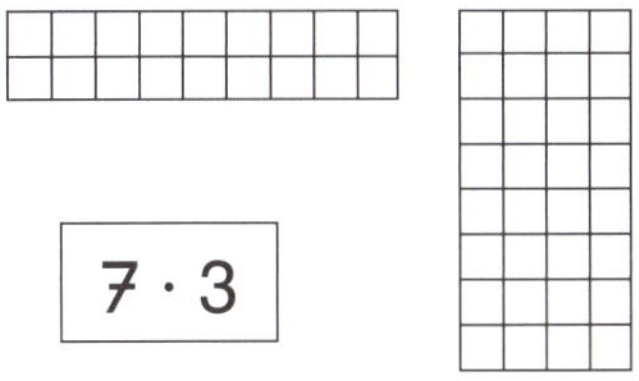

5 Schreibe die passende Malaufgabe und Tauschaufgabe auf.

a) 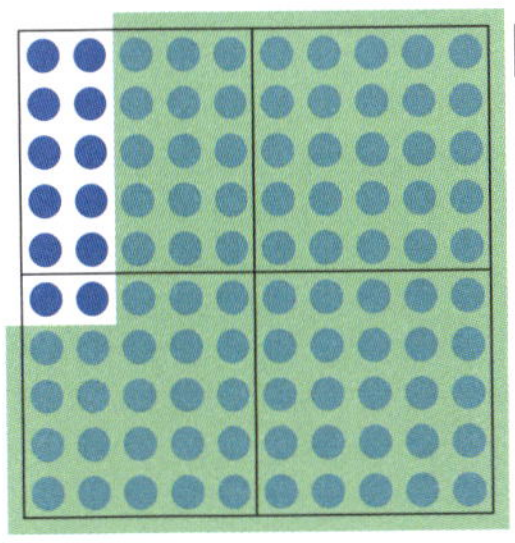

b) 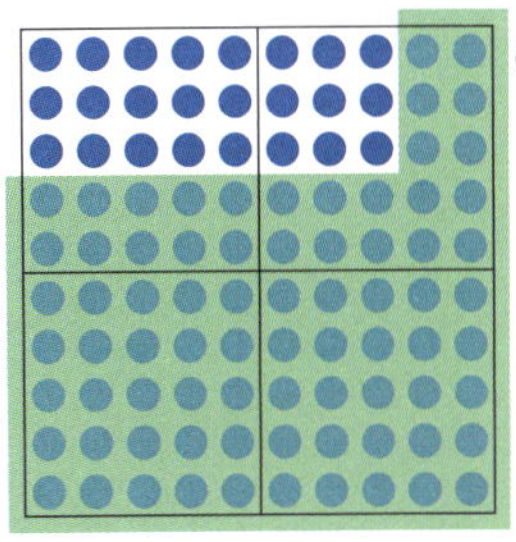

c) 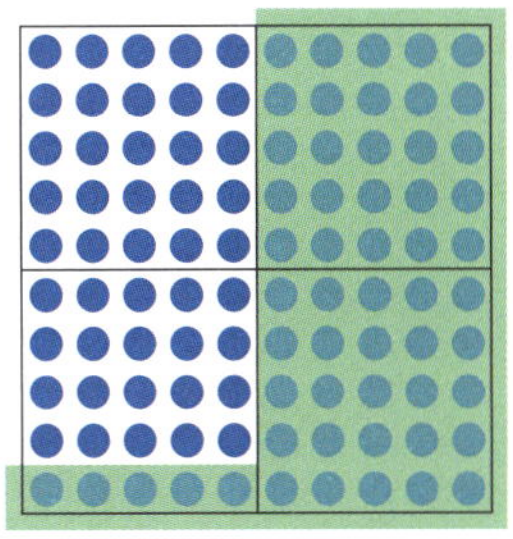

d) 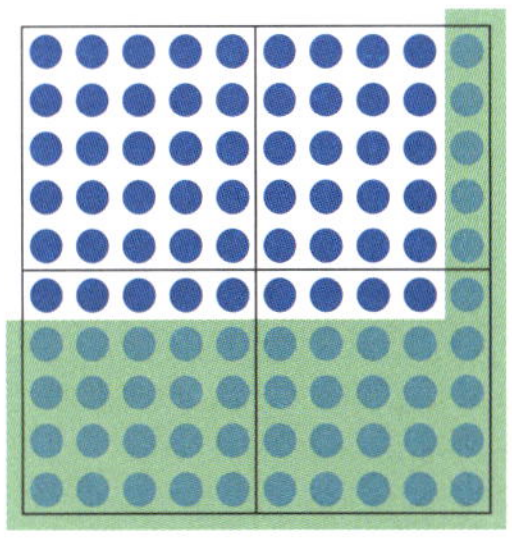

Teilen

1 Teile. Schreibe die Aufgabe und das Ergebnis auf.

a) 

12 : 2 = ___

b) 

___

c) 

___

2 Teile. Schreibe die Aufgabe und das Ergebnis auf.

a) 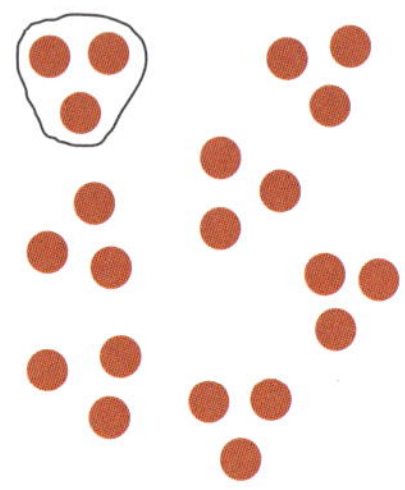

___

b) 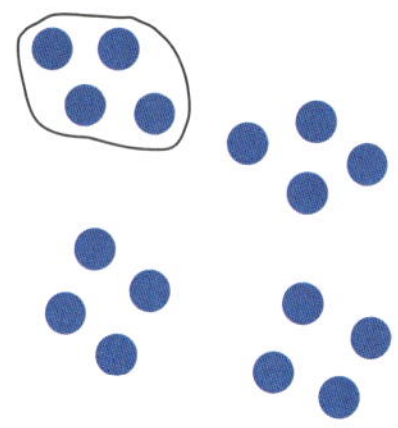

___

c) 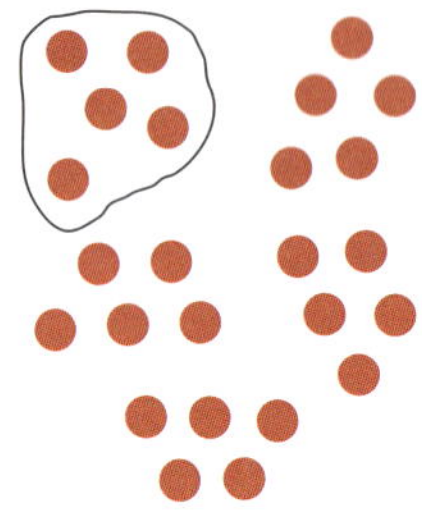

___

d) 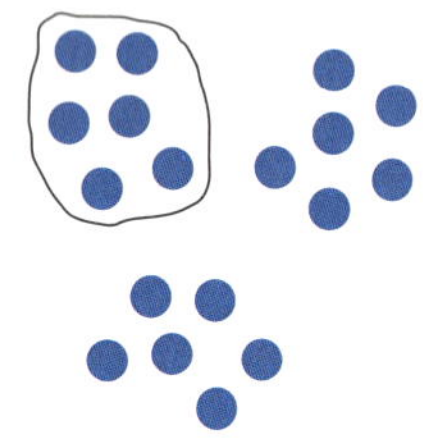

___

3 Verteile gleichmäßig.

a) 

12 : 3 = ___

b) 

___

c) 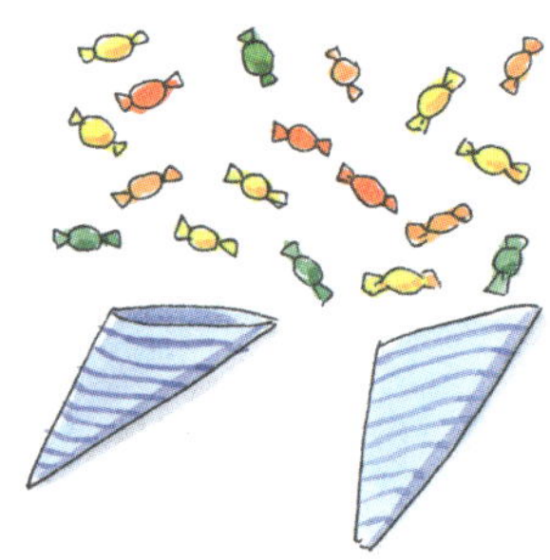

___

4 Verteile 24 Plättchen gleichmäßig. Zeichne und schreibe auf.

a) in 2 Kästchen:

24 : 2 = ___

b) in 3 Kästchen:

24 : 3 = ___

c) in 4 Kästchen:

24 : 4 = ___

Umkehraufgaben und Aufgabenfamilien

1 Schreibe die Aufgabe und überprüfe mit der Umkehraufgabe.

a) 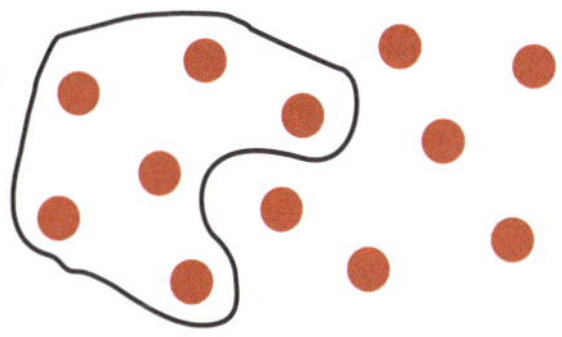

12 : 6 = ___
___ · 6 = ___

b) 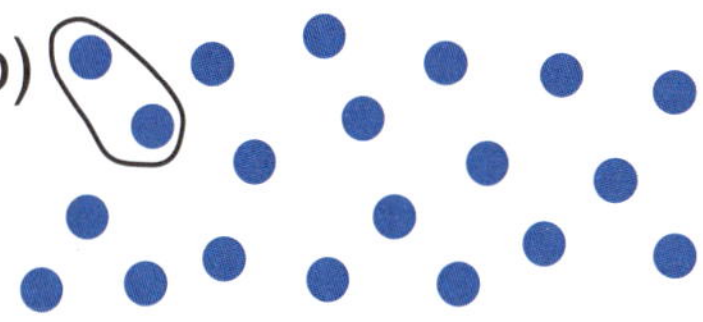

20 : 2 = ___
___ · 2 = ___

c) 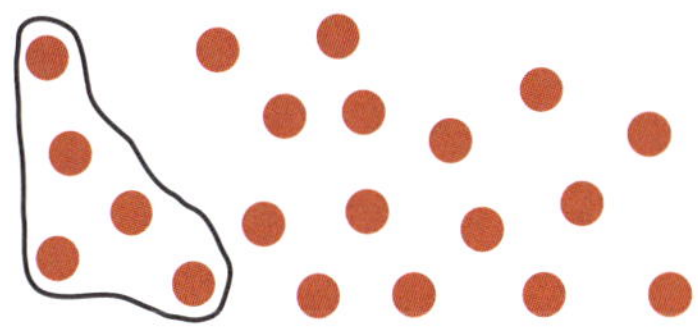

___ : 5 = ___
___ · ___ = ___

2 Ergänze Fehlendes.

a) 24 : 8 = ___
___ · 8 = ___

b) 36 : 4 = ___
___

c) 45 : 5 = ___
___

d) ___
6 · 7 = ___

3 Schreibe die Aufgabenfamilie auf.

a) 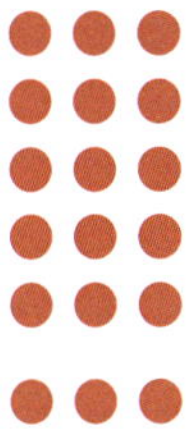

6 · ___ = ___
3 · ___ = ___
18 : ___ = ___
18 : ___ = ___

b) 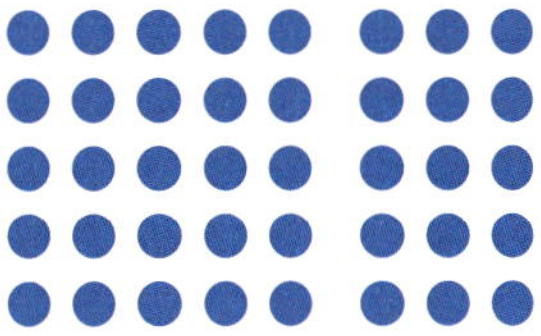

___ · ___ = ___
___ · ___ = ___
___ : ___ = ___
___ : ___ = ___

4

a) 2 8 16

2 · ___ = ___
8 · ___ = ___
16 : ___ = ___
16 : ___ = ___

b) 3 9 27

___ · ___ = ___
___ · ___ = ___
___ : ___ = ___
___ : ___ = ___

c) 5 8 40

___ · ___ = ___
___ · ___ = ___
___ : ___ = ___
___ : ___ = ___

5

a) 4 ___ 32

___
___
___
___

b) ___ 45 ___

___
___
___
___

c) ___ ___ ___

___
___
___
___

Einmaleins mit 10, 1 und 5

1 a)  b) 

___ Kinder ___ Finger ___ Hände ___ Finger

2 Schreibe passende Malaufgaben.

a) 

___ · ___ = ___

b) 

___ · ___ = ___

c) 

___ · ___ = ___

3 Male Bilder zu den Aufgaben.

a) $3 \cdot 10 =$ ___

b) $2 \cdot 5 =$ ___

c) $8 \cdot 1 =$ ___

4 a) $1 \cdot 10 =$ ___ b) $1 \cdot 5 =$ ___
$10 \cdot 10 =$ ___ $10 \cdot 5 =$ ___
$5 \cdot 10 =$ ___ $5 \cdot 5 =$ ___

5 a) $2 \cdot 10 =$ ___ b) $2 \cdot 5 =$ ___
$4 \cdot 10 =$ ___ $4 \cdot 5 =$ ___
$8 \cdot 10 =$ ___ $8 \cdot 5 =$ ___

6 Wie viel Geld hat Lexi gespart?

Lexi hat ___ ct gespart.

Einmaleins mit 2 und Schlüsselaufgaben

1 Schreibe zu jedem Bild eine Malaufgabe.

a) 

___ · ___ = ___

b) 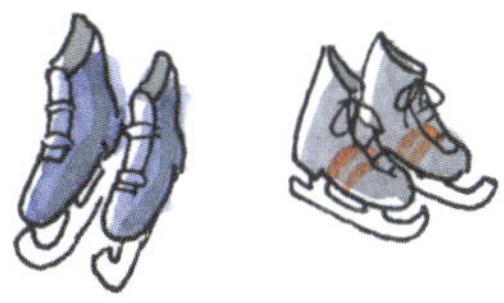

___ · ___ = ___

c) 

___ · ___ = ___

2 Der Grashüpfer und der Frosch springen in 2er-Sprüngen.

a) Der Frosch springt 8 mal.
Wo landet er? Zeichne ein.

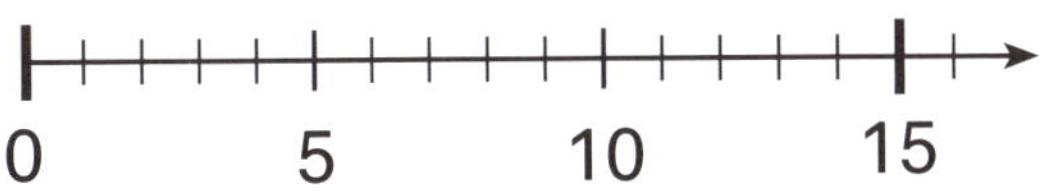

b) Der Grashüpfer springt 7 mal.
Wo landet er? Zeichne ein.

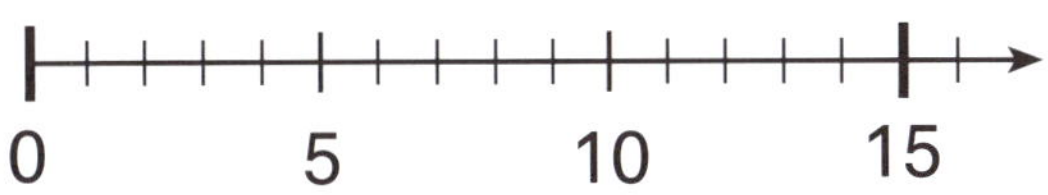

3 a) Wie viele Flügel haben 4 Pelikane?

4 Pelikane haben ___ Flügel.

b) Wie viele Beine haben 3 Kinder?

3 Kinder haben ___ Beine.

c) Wie viele Ohren haben 6 Hunde?

6 Hunde haben ___ Ohren.

4

a)	b)	c)	d)
10 · 2 = ___	2 · 2 = ___	3 · 2 = ___	0 · 2 = ___
5 · 2 = ___	4 · 2 = ___	6 · 2 = ___	1 · 2 = ___
1 · 2 = ___	8 · 2 = ___	9 · 2 = ___	2 · 2 = ___

5

a)	b)	c)	d)
1 · 1 = ___	1 · 2 = ___	1 · 5 = ___	1 · 10 = ___
2 · 1 = ___	2 · 2 = ___	2 · 5 = ___	2 · 10 = ___
10 · 1 = ___	10 · 2 = ___	10 · 5 = ___	10 · 10 = ___
5 · 1 = ___	5 · 2 = ___	5 · 5 = ___	5 · 10 = ___

Einmaleins mit 4 und 8

1 Schreibe Malaufgaben zu den Bildern.

a)

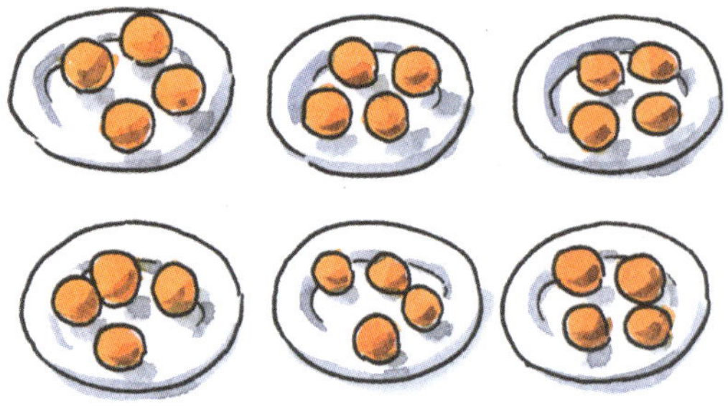

___ · ___ = ___

b)

___ · ___ = ___

2 Der Grashüpfer und der Frosch springen zur 40. Der Grashüpfer springt in 4er-Sprüngen, der Frosch in 8er-Sprüngen. Zeichne ein.

a) Wie viele Sprünge macht der Grashüpfer?

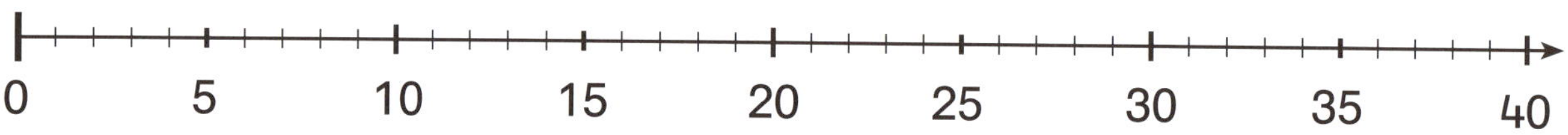

Antwort: ___ Sprünge.

b) Wie viele Sprünge macht der Frosch?

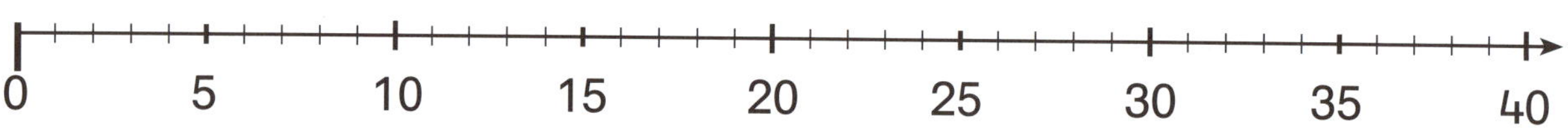

Antwort: ___ Sprünge.

3 a)

1 · 4 = ___
2 · 4 = ___
10 · 4 = ___
5 · 4 = ___

b)

1 · 8 = ___
2 · 8 = ___
10 · 8 = ___
5 · 8 = ___

4 a)

·	4	8
2		
4		
8		

b)

·	4	8
3		
6		
9		

5 a)

___ · 4 = 40
___ · 4 = 20
___ · 4 = 12
___ · 4 = 0

b)

___ · 8 = 80
___ · 8 = 40
___ · 8 = 24
___ · 8 = 8

c)

___ · 4 = 36
___ · 4 = 4
___ · 4 = 16
___ · 4 = 8

d)

___ · 8 = 64
___ · 8 = 16
___ · 8 = 32
___ · 8 = 0

Übungen zur Multiplikation und Division

1 a)

·	2	4	5
3			
7			
9			

6, 12, 14, 15, 18, 28, 35, 36, 45

b)

·	4	8	10
2			
8			
10			

8, 16, 20, 32, 40, 64, 80, 80, 100

c)

·	2		10
	2		
4			
5		25	

1, 5, 5, 8, 10, 10, 20, 40, 50

2 a) ___ · 5 = 45
___ · 2 = 18
___ · 4 = 36
___ · 8 = 72

b) ___ · 9 = 63
___ · 8 = 40
___ · 7 = 56
___ · 6 = 30

c) 14 = 7 · ___
15 = 5 · ___
28 = 7 · ___
15 = 3 · ___

d) 56 = ___ · 8
32 = ___ · 4
25 = ___ · 5
12 = ___ · 2

3 a) 15 : 5 = ___
12 : 4 = ___
16 : 8 = ___
18 : 2 = ___

b) 90 : 10 = ___
10 : 1 = ___
45 : 5 = ___
48 : 8 = ___

c) 20 : 4 = ___
64 : 8 = ___
14 : 2 = ___
40 : 5 = ___

d) 20 : 10 = ___
35 : 5 = ___
36 : 4 = ___
8 : 2 = ___

4 Schreibe zu jedem Bild die Aufgabenfamilie.

a) 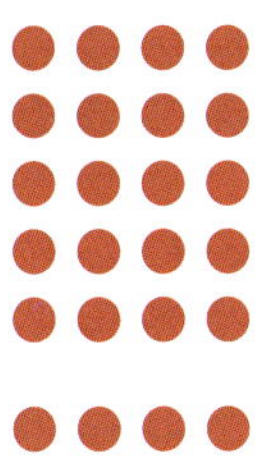

___ · ___ = ___
___ · ___ = ___
___ : ___ = ___
___ : ___ = ___

b) 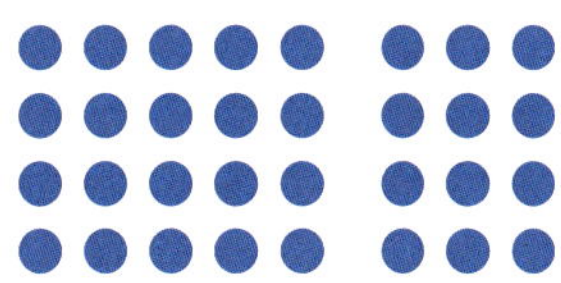

___ · ___ = ___
___ · ___ = ___
___ : ___ = ___
___ : ___ = ___

5 Färbe gerade Zahlen rot und ungerade Zahlen blau.
Ordne sie der Reihe nach und trage sie in die Tabelle ein.

19 16 27 49 92 53 31 85 60
68 80 45 36 62 77 88 22 99

gerade									
ungerade									

Uhrzeiten bestimmen und zuordnen

1 Schau dir die Bilder genau an. Notiere dann die richtige Uhrzeit.

_______ Uhr

_______ Uhr

_______ Uhr

_______ Uhr

_______ Uhr

_______ Uhr

2 Welche Uhrzeiten gehören zusammen? Verbinde.

neun Uhr dreißig

23 Uhr

elf Uhr nachts

15.15 Uhr

9.30 Uhr

halb zehn

9.50 Uhr

viertel acht

7.30 Uhr

dreiviertel zehn

7.15 Uhr

17.00 Uhr

viertel vor elf

10.45 Uhr

15 Uhr 15

9.45 Uhr

halb acht

zehn vor zehn

zwölf Uhr fünfzehn

5 Uhr nachmittags

Stunden

… und Minuten

1 D… lätter zeigen Uhrzeiten am Morgen und Vormittag an.
W… rzeiten werden angezeigt?

a) 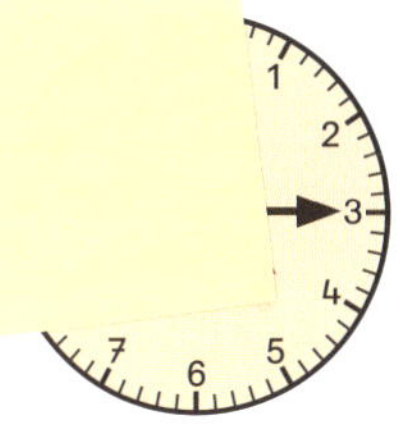 ________ Uhr

b)  ________ Uhr

c)  ________ Uhr

d)  ________ Uhr

e)  ________ Uhr

f)  ________ Uhr

g)  ________ Uhr

h)  ________ Uhr

2 Welche Uhrzeiten werden angezeigt? Schreibe beide Möglichkeiten auf.

a)  ________ Uhr ________ Uhr

b)  ________ Uhr ________ Uhr

c)  ________ Uhr ________ Uhr

d)  ________ Uhr ________ Uhr

e)  ________ Uhr ________ Uhr

f)  ________ Uhr ________ Uhr

g)  ________ Uhr ________ Uhr

Stunden und Minuten, Zeitspannen

1 Zeichne zu den Uhrzeiten die richtige Zeigerstellung ein.

a) 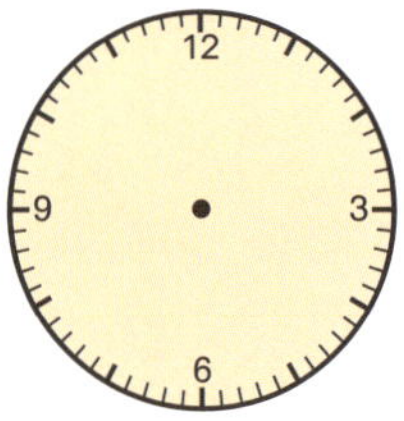
6.00 Uhr

b) 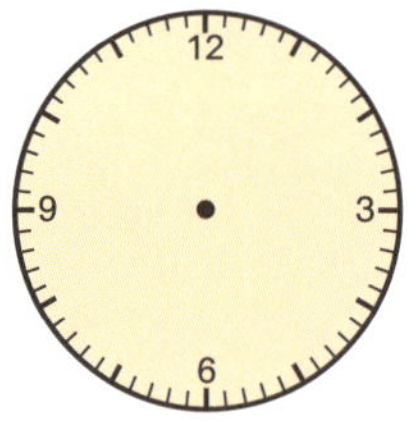
7.30 Uhr

c) 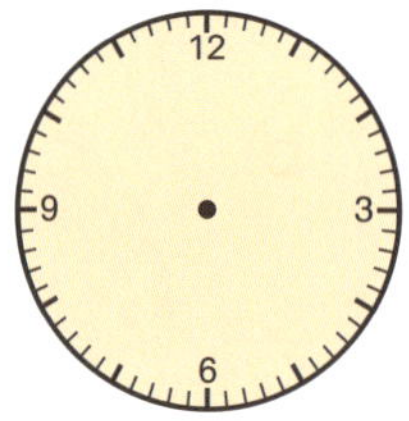
8.20 Uhr

d) 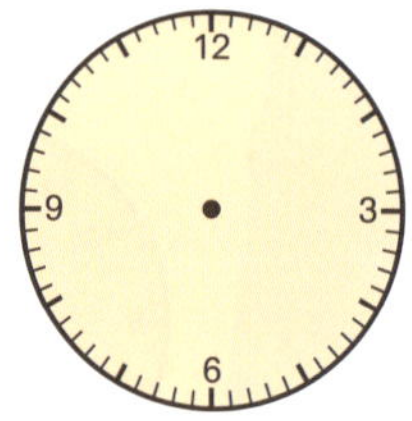
10.10 Uhr

e) 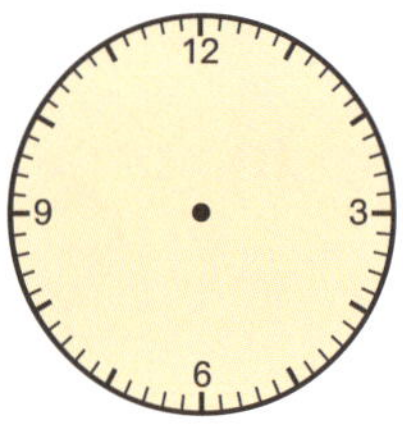
ein Uhr

f) 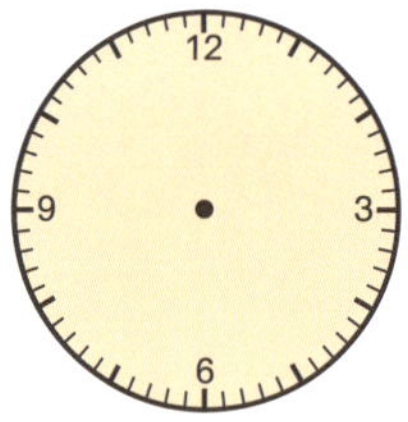
halb zwei

g) 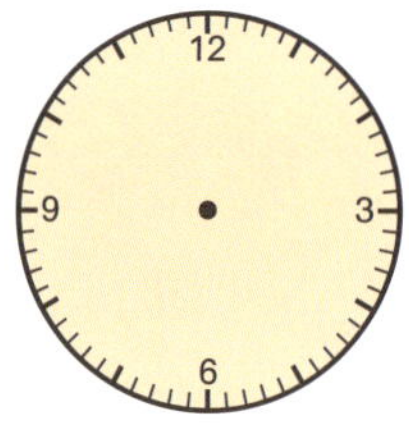
zehn vor 4

h) 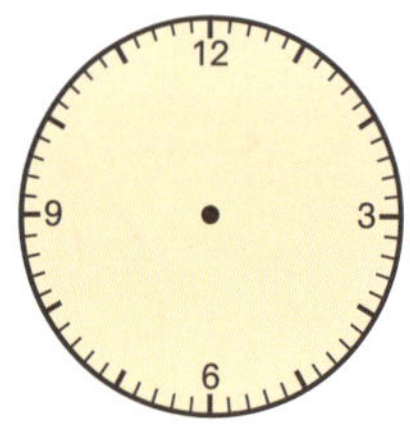
zwanzig nach acht

2 Wie viele Stunden sind vergangen?

a) 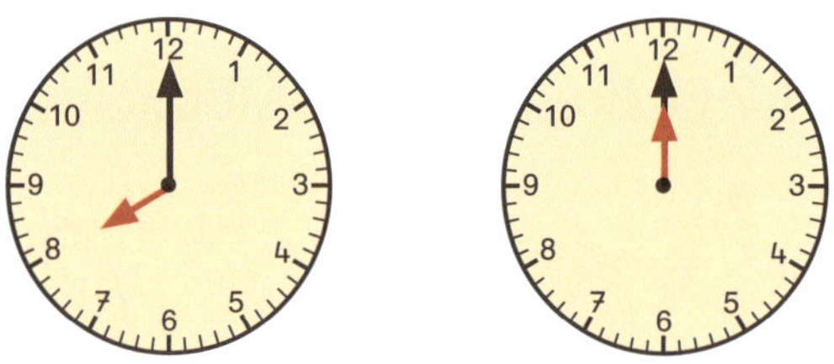
___ Stunden

b) 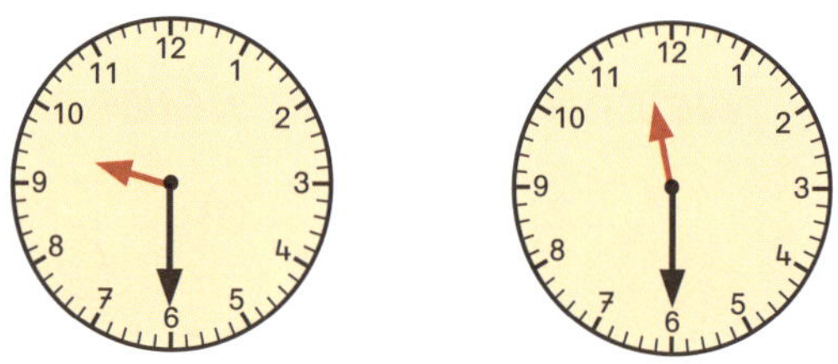
___ Stunden

c) 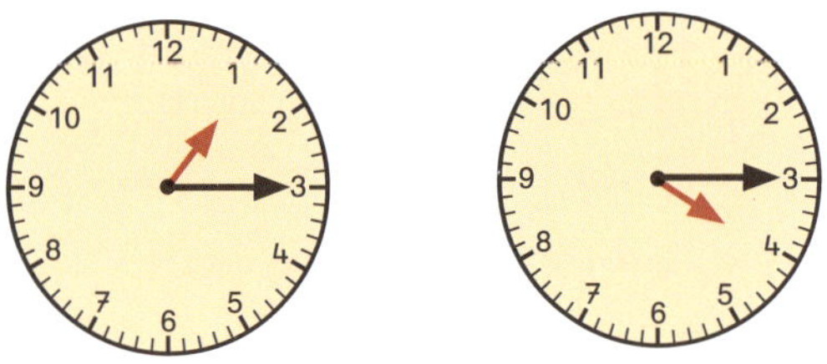
___ Stunden

d) 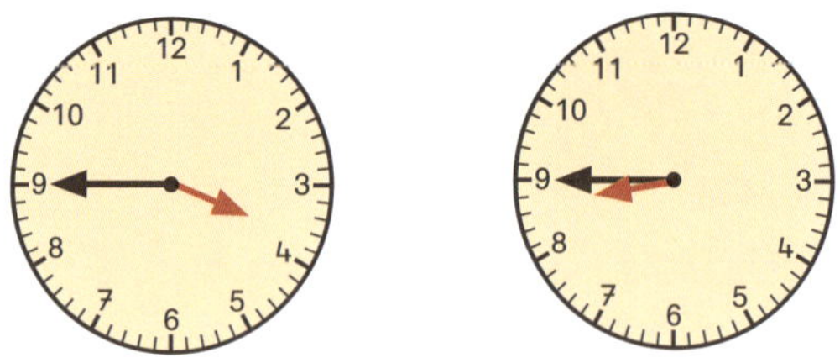
___ Stunden

e) 
___ Stunden

f) 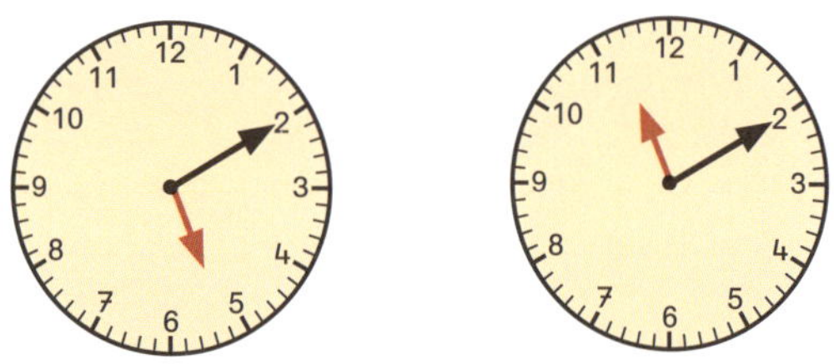
___ Stunden

Zeitpunkte und Zeitspannen

1 Zeichne die Uhrzeiger ein.

Uhrzeit jetzt

Uhrzeit

a) in einer Viertelstunde

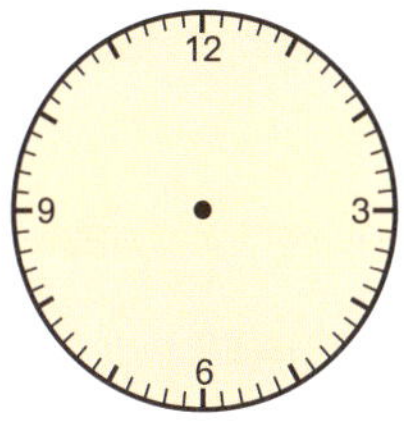

b) in einer halben Stunde

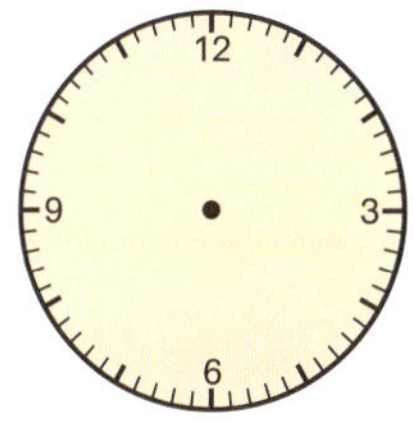

c) in einer Dreiviertelstunde

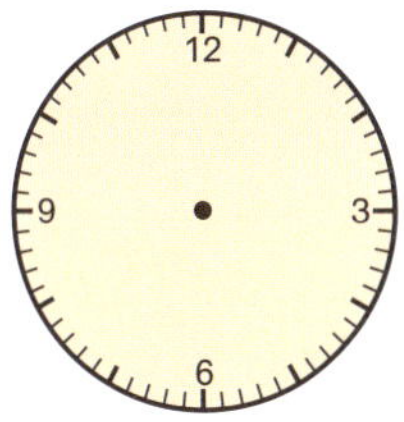

d) vor 15 Minuten

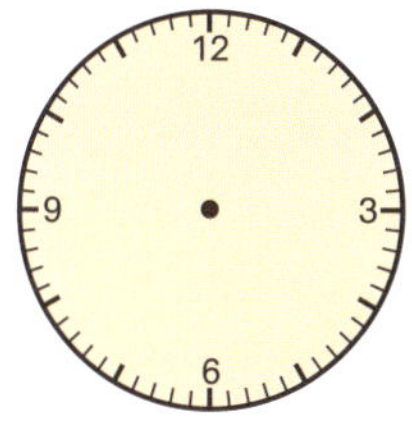

2 Wie lange dauert es bis zur nächsten vollen Stunde?

a) Von 8.50 Uhr bis 9.00 Uhr sind es ______ Minuten.

b) Von 9.20 Uhr bis ______ Uhr sind es ______ Minuten.

c) Von 13.40 Uhr bis ______ Uhr sind es ______ Minuten.

d) Von 17.10 Uhr bis ______ Uhr sind es ______ Minuten.

3 Gib die Zeitspannen in Minuten an.

a) 7.00 Uhr —— ___ Minuten → 7.25 Uhr —— ___ Minuten → 8.00 Uhr

b) 9.10 Uhr —— ___ Minuten → 9.45 Uhr —— ___ Minuten → 9.55 Uhr

c) 11.15 Uhr —— ___ Minuten → 11.45 Uhr —— ___ Minuten → 12.00 Uhr

d) 14.05 Uhr —— ___ Minuten → 14.30 Uhr —— ___ Minuten → 15.05 Uhr

4

Lena und Jan stehen schon um 14.05 Uhr vor der Kasse. Sie müssen noch ___ Minuten bis zum Beginn warten. Das Theaterstück dauert ___ Minuten. Eine Viertelstunde später werden sie von Jans Mutter abgeholt. Das ist um ______ Uhr.

Das Einmaleins mit 3

1 Schreibe zu jedem Bild eine Malaufgabe.

a)

___ · ___ = ___

b)

___ · ___ = ___

c)

___ · ___ = ___

2 Male Punktbilder zu den Aufgaben.

a)

9 · 3 = ___

b) 8 · 3 = ___

c) 7 · 3 = ___

3 a) 2 · 3 = ___
4 · 3 = ___
8 · 3 = ___

b) 10 · 3 = ___
5 · 3 = ___
1 · 3 = ___

c) 3 · 3 = ___
6 · 3 = ___
9 · 3 = ___

d) 0 · 3 = ___
7 · 3 = ___
11 · 3 = ___

4 Schreibe Aufgabenfamilien.

a)
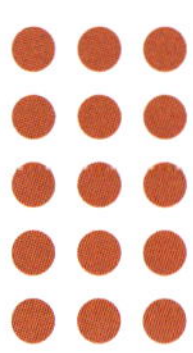

5 · 3 = ___
___ · ___ = ___
___ : ___ = ___
___ : ___ = ___

b)
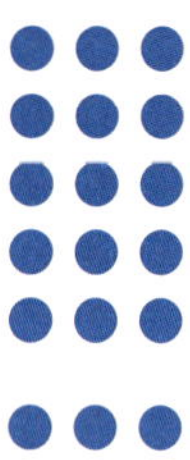

___ · 3 = ___
___ · ___ = ___
___ : ___ = ___
___ : ___ = ___

5 Die Kinder bilden Dreiergruppen. Wie viele Gruppen sind es bei

a) 30 Kindern?

____

b) 21 Kindern?

____

c) 15 Kindern?

____

6 Ein Eisbecher mit 4 Kugeln kostet 3 Euro.

a) Wie viel kosten 4 Eisbecher?

____

b) Reichen 20 Euro für 8 Eisbecher?

____

Das Einmaleins mit 6

1 Schreibe zu jedem Bild eine Malaufgabe.

a) 

___ · ___ = ___

b) 

___ · ___ = ___

c) 

___ · ___ = ___

2 Schreibe zu jedem Bild zwei Malaufgaben.

a) 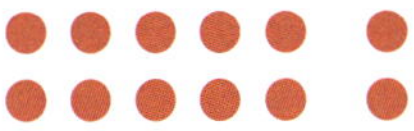

____

____

b) 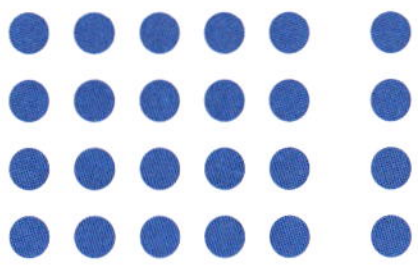

____

____

c) 

____

____

d) 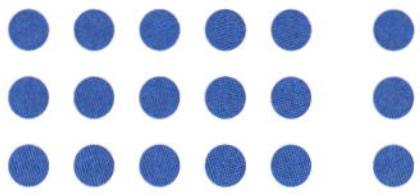

____

____

3

a) 2 · 6 = ___
4 · 6 = ___
8 · 6 = ___

b) 1 · 6 = ___
10 · 6 = ___
5 · 6 = ___

c) 3 · 6 = ___
6 · 6 = ___
9 · 6 = ___

d) 0 · 6 = ___
7 · 6 = ___
11 · 6 = ___

4

a) ___ = 3 · 6
___ = 5 · 6
___ = 7 · 6

b) ___ = 4 · 6
___ = 8 · 6
___ = 2 · 6

c) ___ = 1 · 6
___ = 6 · 6
___ = 9 · 6

d) ___ = 0 · 6
___ = 11 · 6
___ = 10 · 6

5 Schreibe Aufgabenfamilien.

a) 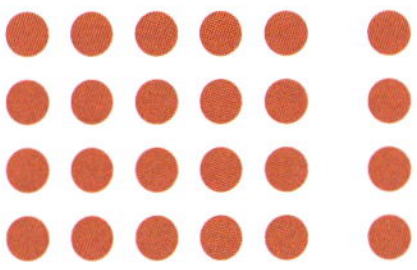

4 · 6 = ___
___ · ___ = ___
___ : ___ = ___
___ : ___ = ___

b) 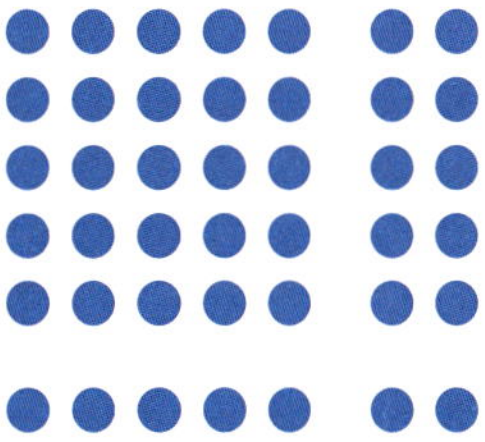

___ · ___ = ___
___ · ___ = ___
___ : ___ = ___
___ : ___ = ___

6

a) Schreibe alle Zahlen auf, die im Einmaleins der 3 und 6 vorkommen.

____

b) Welche ungerade Zahl der 3er-Reihe liegt zwischen 10 und 20?
Lösung: ___________

Das Einmaleins mit 3, 6 und 9

1 Schreibe zu jedem Bild eine Malaufgabe.

a)

__ · __ = ___

b)

__ · __ = ___

c)

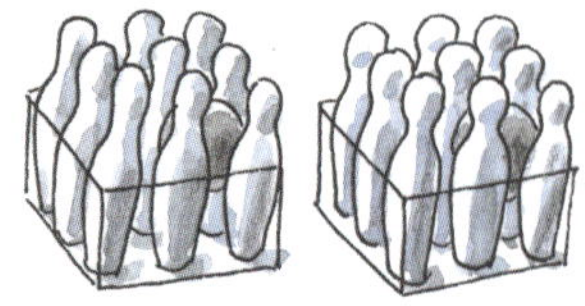

__ · __ = ___

2 Der Grashüpfer und der Frosch springen zur 54. Der Grashüpfer springt in 6er-Sprüngen, der Frosch in 9er-Sprüngen. Zeichne ein.

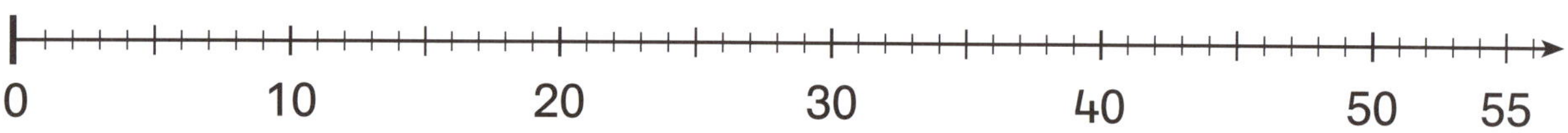

a) Wie viele Sprünge macht der Frosch?
Antwort: __ Sprünge.

b) Wie viele Sprünge macht der Grashüpfer?
Antwort: __ Sprünge.

3 a)

·	3	6	9
1			
2			
10			
5			

b)

·	3	6	9
2			
4			
6			
8			

c)

·	3	6	9
3			
6			
9			
10			

4 a)
__ · 6 = 18
3 · __ = 27
2 · __ = 18
__ · 6 = 36

b)
9 · __ = 54
__ · 9 = 63
___ · 6 = 60
___ · 9 = 90

5 a)
12 : 3 = __
12 : 6 = __
24 : 3 = __
24 : 6 = __

b)
21 : 3 = __
42 : 6 = __
63 : 9 = __
81 : 9 = __

6 Verteile gerecht

a) 42 Bonbons an 6 Kinder.

____

Jedes Kind bekommt
__ Bonbons.

b) 36 Bonbons an 9 Kinder.

____

Jedes Kind bekommt
__ Bonbons.

Das Einmaleins mit 7

1 Schneewittchen hat gebacken.
Wie viele Plätzchen sind auf den Backblechen?

a) 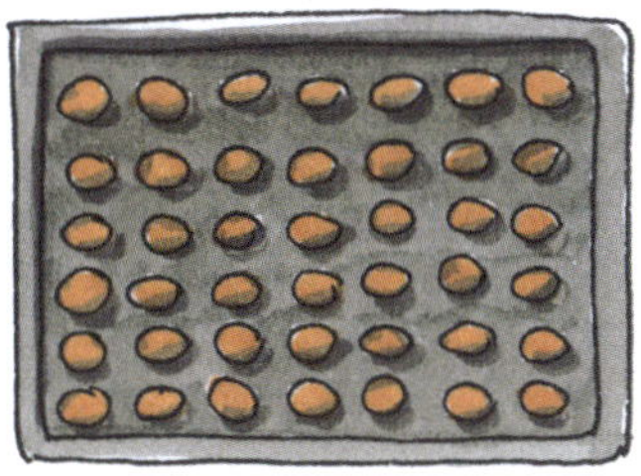

$\_\_ \cdot 7 = \_\_$

b) 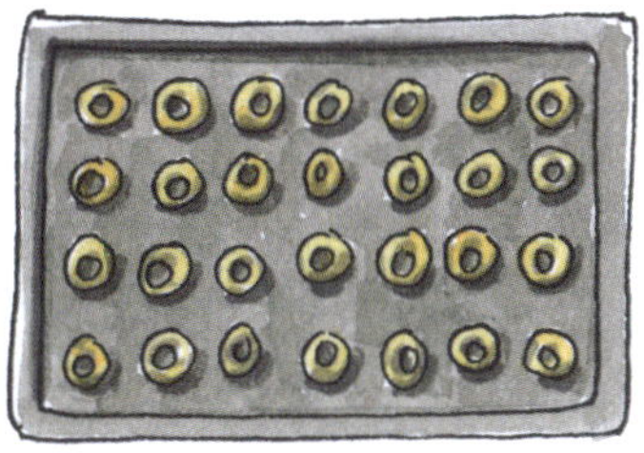

$\_\_ \cdot 7 = \_\_$

c) 

$\_\_ \cdot 7 = \_\_$

2 Mutter Geiß verteilt Futter gerecht an ihre sieben Geißenkinder.
Wie viel bekommt jedes Geißlein? Schreibe die passende Aufgabe.

a) 35 Karotten b) 21 Salatblätter c) 7 Äpfel

3 

Das tapfere Schneiderlein näht immer 7 Knöpfe an ein Hemd. Wie viele Knöpfe braucht es für

a) 5 Hemden? b) 8 Hemden? c) 9 Hemden?

4

a)	b)	c)	d)
$2 \cdot 7 = \_\_$	$10 \cdot 7 = \_\_$	$3 \cdot 7 = \_\_$	$0 \cdot 7 = \_\_$
$4 \cdot 7 = \_\_$	$5 \cdot 7 = \_\_$	$6 \cdot 7 = \_\_$	$7 \cdot 7 = \_\_$
$8 \cdot 7 = \_\_$	$1 \cdot 7 = \_\_$	$9 \cdot 7 = \_\_$	$11 \cdot 7 = \_\_$

5

a)	b)	c)	d)
$\_\_ = 3 \cdot 7$	$\_\_ = 6 \cdot 7$	$\_\_ = 2 \cdot 7$	$\_\_ = 11 \cdot 7$
$\_\_ = 1 \cdot 7$	$\_\_ = 10 \cdot 7$	$\_\_ = 4 \cdot 7$	$\_\_ = 9 \cdot 7$
$\_\_ = 5 \cdot 7$	$\_\_ = 8 \cdot 7$	$\_\_ = 7 \cdot 7$	$\_\_ = 0 \cdot 7$

6 Schreibe die Aufgabenfamilie auf.

a) 7, 3

b) 42

c) 63

Ornamente und Muster

1 Setze die Ornamente fort.

a)
b)

2 Setze die Muster fort.

a)
b)
c)
d)

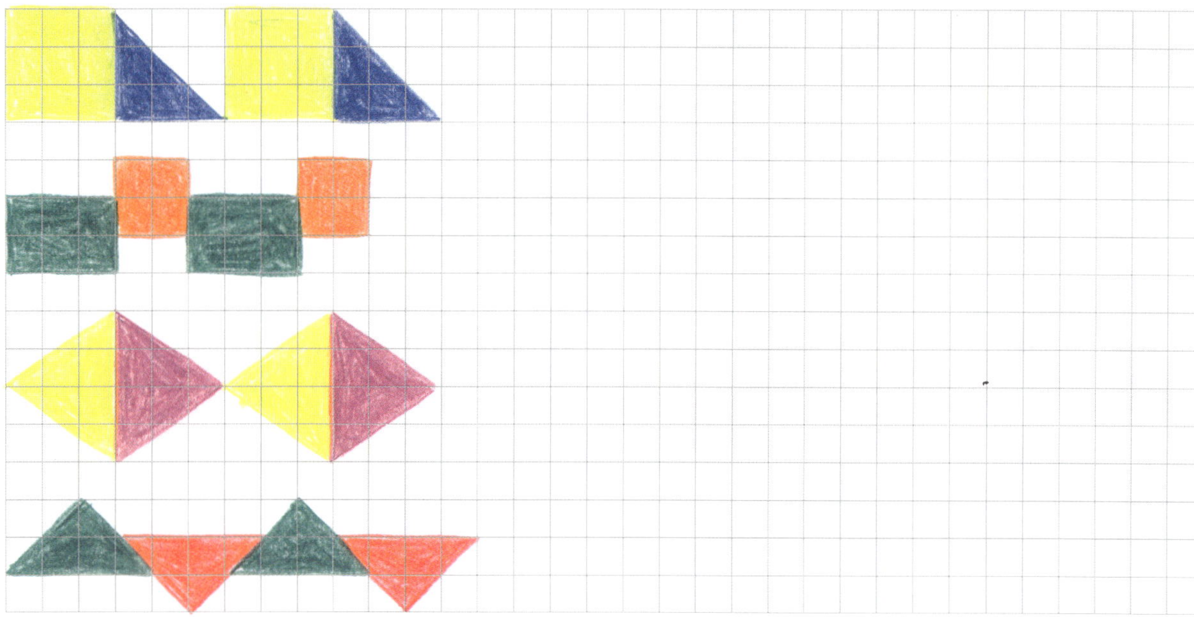

3 Setze in alle Richtungen fort.

a)

b)

Figuren auslegen

1 Lege mit deinen Formenplättchen aus. Suche verschiedene Möglichkeiten.

a)

	▵	△	▭	□
1.				
2.				
3.				

b)

	▵	△	▭	□	○
1.					
2.					

c)

	▵	△	▭	□	○
1.					
2.					

d)

	▵	△	▭	□	○
1.					
2.					

Addition und Subtraktion

1

a)	b)	c)	d)
27 + 19 = ___	48 + 9 = ___	33 – 9 = ___	63 – 59 = ___
36 + 29 = ___	67 + 24 = ___	51 – 19 = ___	71 – 68 = ___
53 + 39 = ___	34 + 17 = ___	94 – 59 = ___	93 – 92 = ___
13 + 19 = ___	46 + 46 = ___	83 – 38 = ___	45 – 41 = ___

(1), (3), (4), (4), (24), (32), (32), (35), (45), (46), (51), (57), (65), (91), (92), (92)

2

20 + 30	70 – 20	100 – 95	84 – 34	13 + 37
31 + 24	15 + 40	25 + 25	66 – 11	77 – 22
47 + 48	31 – 26	100 – 45	83 – 78	78 + 17
36 + 59	78 – 73	25 + 70	44 – 39	53 + 42

3 Verbinde Aufgabe und Umkehraufgabe.

14 + 27 = ___	37 + ___ = 66
___ – 47 = 35	___ – 27 = 14
46 + 36 = ___	37 + ___ = 93
66 – ___ = 37	35 + ___ = 82
___ – 35 = 65	82 – 36 = ___
___ – 56 = 37	18 + 49 = ___
67 – 49 = ___	___ + 35 = 100

4 Kontrolliere und berichtige die Fehler.

a) 51 + 33 = 84 r.
72 – 48 = 25 ___
19 + 37 = 56 ___
66 – 39 = 37 ___
45 + 26 = 71 ___

b) 85 – 38 = 37 ___
25 + 59 = 86 ___
92 – 63 = 29 ___
48 + 36 = 84 ___
47 + 0 = 0 ___

Addition und Subtraktion

1 Rechne geschickt.

a) 11 + 54 + 29 = ____
46 + 18 + 24 = ____
27 + 34 + 16 = ____
10 + 46 + 14 = ____

b) 83 − 23 − 27 = ____
92 − 15 − 12 = ____
82 − 32 − 28 = ____
80 − 18 − 40 = ____

c) 25 + 17 + 25 = ____
60 − 24 − 30 = ____
13 + 22 + 27 = ____
70 − 24 − 10 = ____

(6), (22), (22), (33), (36), (62), (65), (67), (70), (77), (88), (94)

2 a)

+	20	15	34
47			
66			
59			

b)

−	60	53	26
99			
81			
72			

3

−	16		
47		19	
75			36
	78		

4 **5**

6 Was passiert, wenn man die roten Zahlen verdoppelt und halbiert?

verdoppeln halbieren

Addition und Multiplikation

1 Schreibe passende Plus- und Malaufgaben.

a) 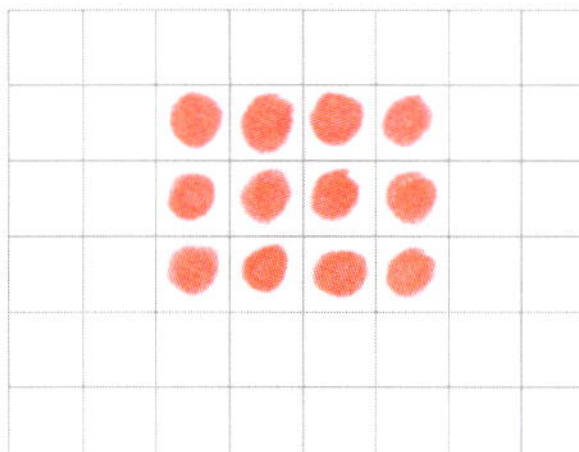

b) 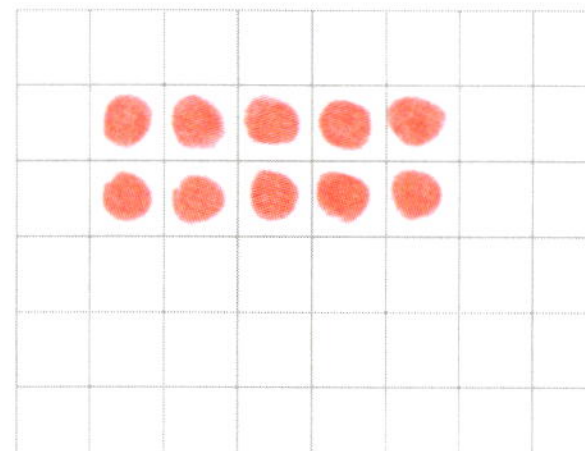

c) 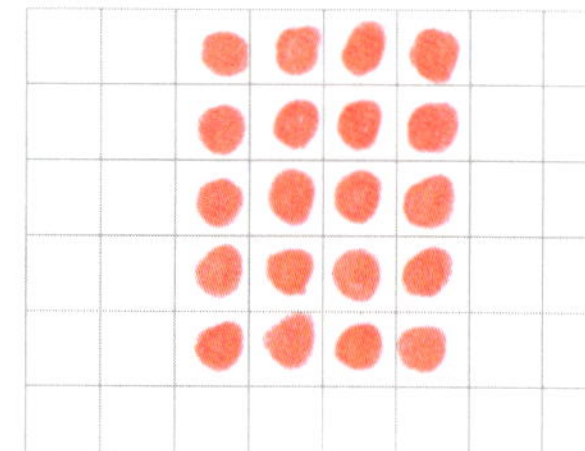

a)
___ + ___ + ___ + ___ = ___
___ + ___ + ___ = ___
___ · ___ = ___
___ · ___ = ___

2 Zeichne passende Punktefelder und suche die fehlenden Aufgaben.

a) 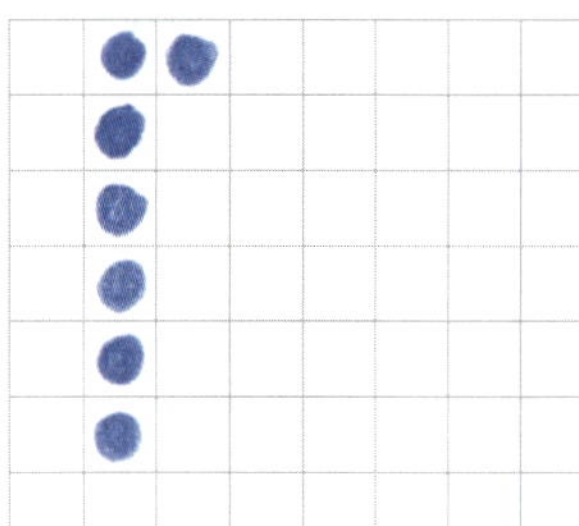

b)

c)

a)
6 + 6 + 6 = ___
3 · 6 = ___

b)
7 · 4 = ___

c)
2 + 2 + 2 + 2 + 2 + 2 = ___

3 Immer 3 Karten gehören zusammen.

12	9 + 9 + 9 + 9 + 9	5 + 5 + 5 + 5
4 · 5	2 · 8	5 · 9
8 + 8	21	4 · 3
16	7 + 7 + 7	3 + 3 + 3 + 3
20	3 · 7	45

4 <, > oder =?

a)
8 · 3 ◯ 3 + 3 + 3
5 · 4 ◯ 4 · 5
9 + 9 ◯ 3 · 6
10 · 7 ◯ 9 · 10
6 · 2 ◯ 6 + 6 + 6
4 · 8 ◯ 13 + 18
9 · 9 ◯ 44 + 44
7 + 7 ◯ 2 · 8

Multiplikation und Division

1 a) 2, 16, 8

b) 7, 42

c) 7, 8

2 Verbinde Aufgabe und Umkehraufgabe.

7 · 2 = ___	7 · ___ = 56
___ · 5 = 45	___ : 2 = 7
___ : 6 = 7	45 : 5 = ___
56 : ___ = 7	7 · ___ = 42

3

a)

·	2	5
3		
6		
9		
10		

6, 12, 15, 18, 20, 30, 45, 50

b)

·		9
7	21	
		72
4		
		81

3, 8, 9, 12, 24, 27, 36, 63

4 Verbinde.

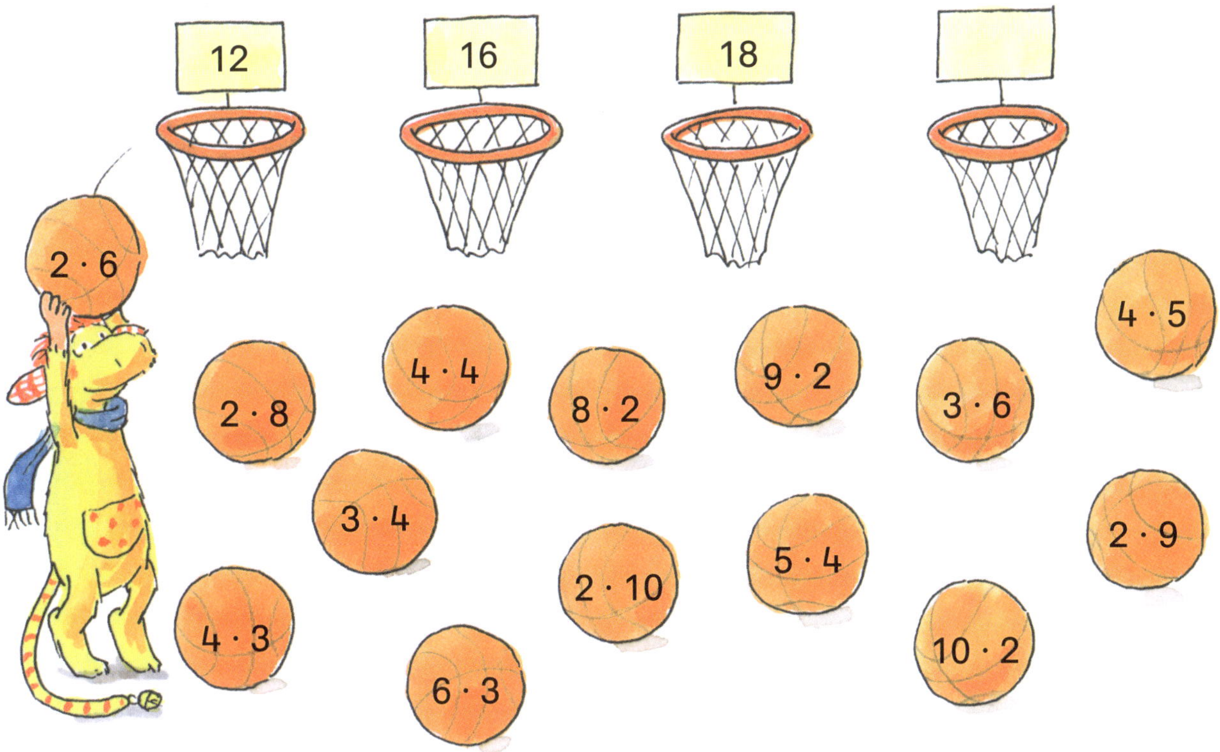

Multiplikation und Division

1 Ergänze die Tabelle.

Quadratzahl		4		16	25				
Zahl	1	2	3			6	7		9

2 Setze die Päckchen fort.

a)
9 · 8 = ___
8 · 8 = ___
7 · 8 = ___
__ · __ = ___

b)
5 · 2 = ___
5 · 4 = ___
5 · 6 = ___
__ · __ = ___

c)
1 · 2 = ___
2 · 3 = ___
3 · 4 = ___
__ · __ = ___

d)
__ : __ = __
16 : 8 = __
24 : 8 = __
__ : __ = __

3 Löse die Aufgaben und ordne sie den Gebäuden zu.

5 · 4 = ___ 3 · 8 = ___ 4 · 2 = ___ 2 · 6 = ___

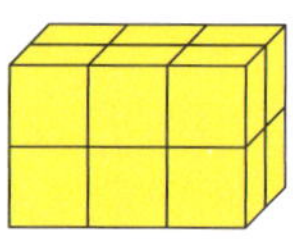
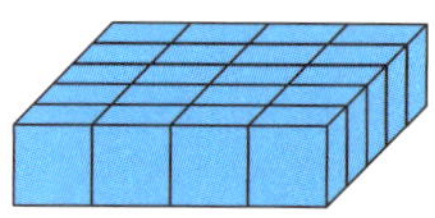
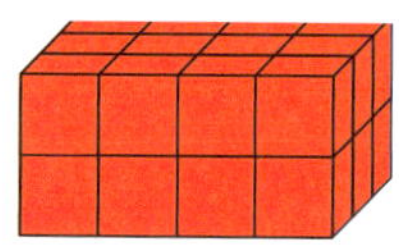
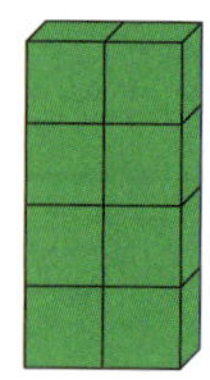

4 Bilde Malaufgaben.

a)
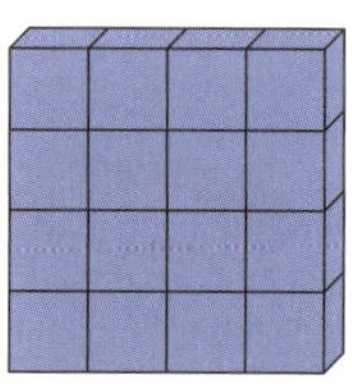
___

b)
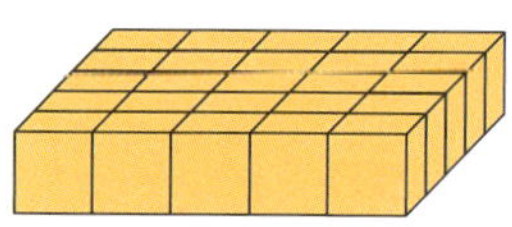
___

c)
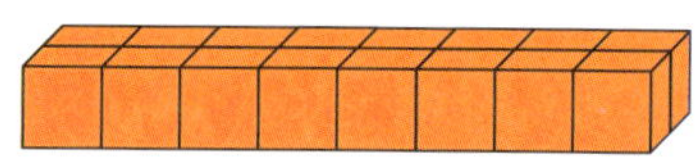
___

5 Wie viele Würfel sind es? Rechne geschickt.

a)
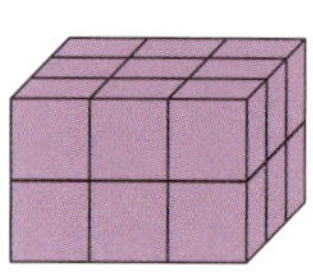

b)
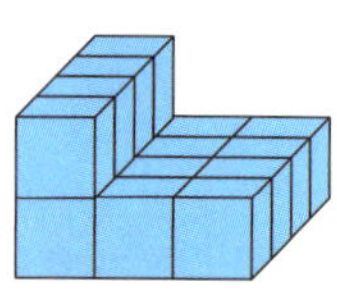

c)

Division mit Rest

1 a)

___ : 5 = __ R __

b)

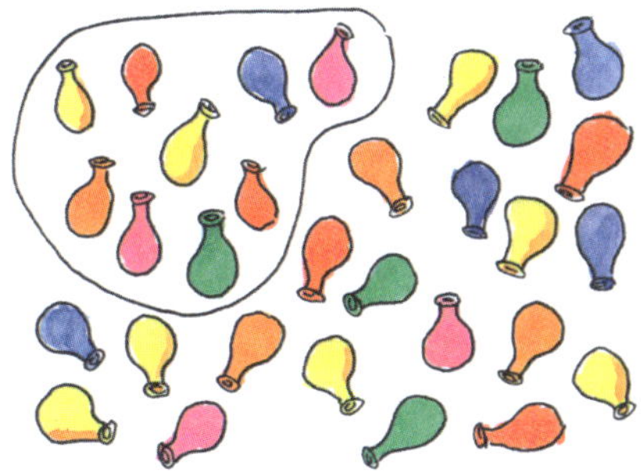

___ : 9 = __ R __

2 a) Verteile die Äpfel gleichmäßig auf die Schüsseln.

___ : 3 = __ R __

b) Verteile die Schokoküsse gleichmäßig auf die Teller.

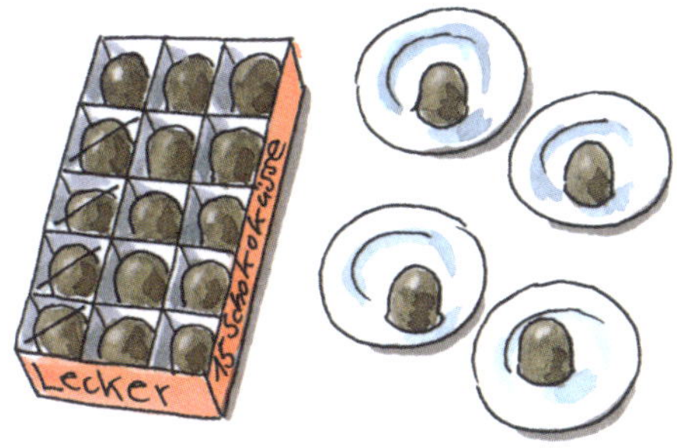

___ : 4 = __ R __

3 a) 25 : 6 = __ R __
25 : 7 = __ R __
25 : 8 = __ R __

b) 21 : 10 = __ R __
21 : 9 = __ R __
21 : 8 = __ R __

c) 23 : 4 = __ R __
23 : 2 = __ R __
23 : 3 = __ R __

4 Wo bleibt ein Rest? Färbe alle Steine bunt, bei denen ein Rest übrig bleibt. Dann kannst du ein Lösungswort lesen.

Lösung: ____________________

Der Zahlenraum bis 200

1 Schreibe die Zahl auf.

a) 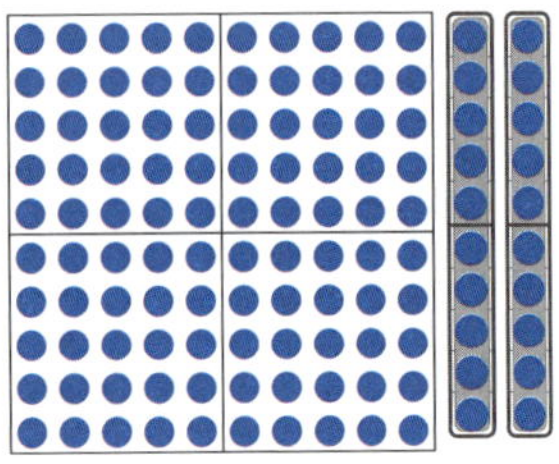 ____

b) 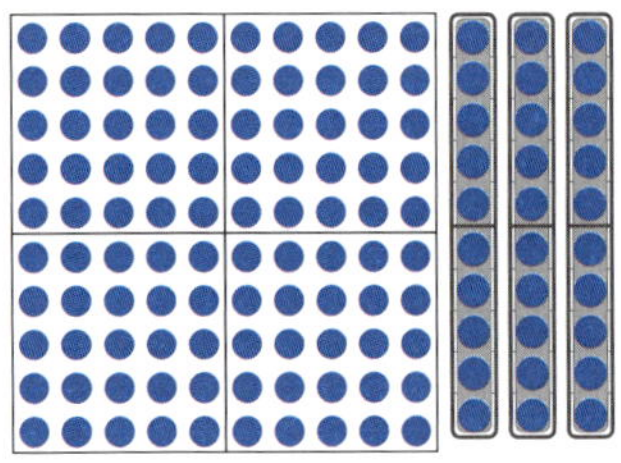 ____

c) 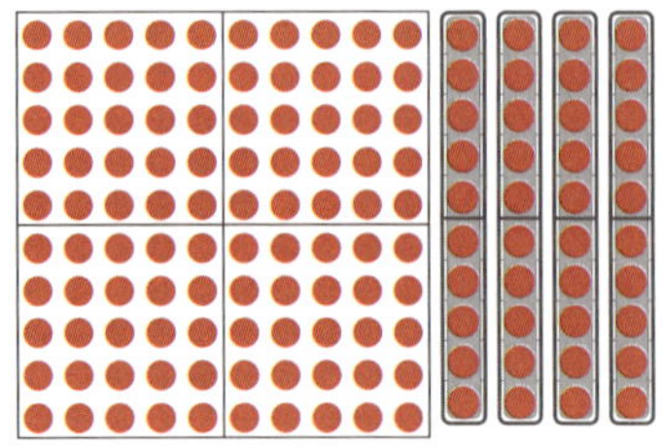 ____

2 Ergänze.

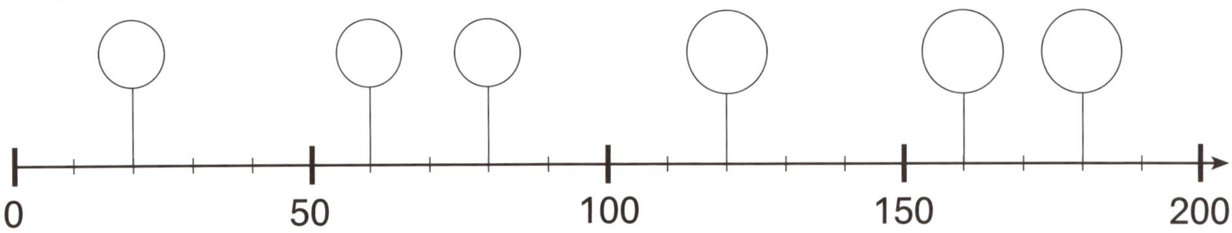

3 Ordne zu.

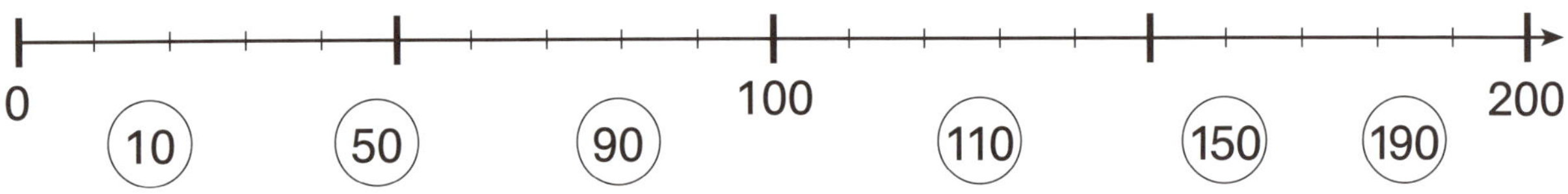

4 <, > oder =?

a) 180 ◯ 110
120 ◯ 140
130 ◯ 190

b) 150 ◯ 150
130 ◯ 170
180 ◯ 200

c) 190 ◯ 100
200 ◯ 160
140 ◯ 140

5 Ordne nach der Größe. Beginne mit der größten Zahl.

150 130 200 190 120 110 160 170

____

6 Setze die Reihen fort.

a) 80, 100, 120, ____, ____, ____

b) 120, 121, 122, ____, ____, ____

c) 190, 180, 170, ____, ____, ____

d) 162, 161, 160, ____, ____, ____

Rechnen im Zahlenraum bis 200

1 a) 20 + 40 = ___
120 + 40 = ___

b) 40 + 40 = ___
140 + 40 = ___

c) 60 + 10 = ___
160 + 10 = ___

2 a) 80 – 20 = ___
180 – 20 = ___

b) 100 – 60 = ___
200 – 60 = ___

c) 70 – 50 = ___
170 – 50 = ___

3 Wie viele Euro sind es?

a) 

Es sind ___ Euro.

b) 

Es sind ___ Euro.

c) 

Es sind ___ Euro.

4 a)

200	
100	
150	
100	
190	

b)

200	
160	
	200
90	
	80

5

180 – 50	100 + 50	140 + 10	150 – 20
100 + 10	120 + 30	150 + 0	200 – 90
160 – 30	170 – 60	190 – 80	110 + 20

6 Zahlendetektiv: Wie heißt die Zahl?

Die Zahl liegt genau in der Mitte zwischen 100 und 200.

Die Zahl ist um 1 größer als die Hälfte von 200.

Umzug in die Klasse 3

zusammen ___ €

19 ◯ 91
34 ◯ 42
55 ◯ 45
89 ◯ 98
22 ◯ 21
43 ◯ 51
66 ◯ 65

17, 68

___ + ___ = ___
___ + ___ = ___
___ − ___ = ___
___ − ___ = ___

+	27	39
54		
61		

−	49	29
98		
65		

·	2	5	10
7			
8			

·	3	6	9
4			
8			

72 : 9 = ___
49 : 7 = ___
36 : 6 = ___

32 : 5 = ___ R ___
25 : 4 = ___ R ___
88 : 9 = ___ R ___